DIANLIJIANSHEGONGCHENG
GONGQI DINGE(2022NIANBAN)

U0803769

电力建设工程工期定额

（2022年版）

第一册　输变电工程

中国电力企业联合会 发布

中国电力出版社
CHINA ELECTRIC POWER PRESS

图书在版编目（CIP）数据

电力建设工程工期定额：2022年版．第一册，输变电工程/中国电力企业联合会发布．—北京：中国电力出版社，2023.2

ISBN 978-7-5198-7286-1

Ⅰ.①电…　Ⅱ.①中…　Ⅲ.①输电－电力工程－工期定额　Ⅳ.①TM7

中国版本图书馆 CIP 数据核字（2022）第 240212 号

电力建设工程工期定额（2022年版）　第一册　输变电工程

出版发行：中国电力出版社	印　　刷：三河市百盛印装有限公司
地　　址：北京市东城区北京站西街19号	版　　次：2023年2月第一版
邮政编码：100005	印　　次：2023年2月北京第一次印刷
网　　址：http：//www.cepp.sgcc.com.cn	开　　本：850毫米×1188毫米　32开本
责任编辑：张　瑶（010-63412503）	印　　张：9.875
责任校对：黄　蓓　朱丽芳	字　　数：260千字
装帧设计：张俊霞	印　　数：0001—1500册
责任印制：石　雷	定　　价：100.00元

版权专有　侵权必究

本书如有印装质量问题，我社营销中心负责退换

中电联关于发布《电力建设工程工期定额（2022 年版）》的通知

中电联定额〔2022〕312 号

各有关单位：

为加强电力建设工程质量、进度、投资和安全管理工作，科学合理确定电力建设工程工期，根据国家有关规定，中电联组织编制了《电力建设工程工期定额（2022 年版）》，具体包括《第一册　输变电工程》《第二册　火力发电工程》《第三册　风力、光伏发电工程》，现予以发布。本定额自 2023 年 1 月 1 日起开始施行。

《电力建设工程工期定额（2012 年版）》，自本定额施行之日起废止。

附件：《电力建设工程工期定额（2022 年版）》（另发）

中国电力企业联合会

2022 年 11 月 15 日

前　言

《电力建设工程工期定额（2022 年版）》（简称本套定额）根据《国家能源局关于印发〈电力工程定额与造价工作管理办法〉的通知》（国能电力〔2013〕501 号）文件精神，遵照国家法律、法规、规章、标准及电力行业有关标准规范，结合电力建设工程特点编制。

本套定额是在《电力建设工程工期定额（2012 年版）》基础上修编形成的。本套定额传承了 2012 年版的基本框架和形式，并根据自 2012 年以来电力建设工程领域的新政策要求、新技术发展、新项目管理模式，以及新设备、新材料、新工艺的应用状况，对定额专业设置、子目设置、计算规则、工期水平等进行了创新、优化和调整。

在本套定额修编过程中，严格按照国家关于定额编制的程序和要求，经过广泛征求各方意见和建议，对定额各项内容进行了认真调研和反复推敲、测算，保证了定额的适用性、时效性和公正性。

在本套定额修编过程中，得到了各电力企业的大力支持和帮助，在此，对关心、支持、参与本次修编的各单位领导及专家表示衷心感谢。

本套定额由中国电力企业联合会发布，第一册、第二册由电力工程造价与定额管理总站归口管理并负责解释，第三册由水电水利规划设计总院（可再生能源定额站）归口管理并负责解释。

编制领导小组：安洪光　潘跃龙　张天光　王忠耀　董士波　郭建欣　李　晛

编 制 单 位：电力工程造价与定额管理总站

主要编制人：张天光　董士波　卢　玉　田进步　郭金颖　王美玲　闫　微　刘景华
刘　强　梁会永　李明远　姚哲渊　吴良铮　曲　辉　李景忠　杨孝森
袁舟龙　董景峰　许　霞　刘立垚　朱转军　沈从树　谢建礼　方　伟
丁政中　马　天　金　刚　吴安业　张　醒　姚亮亮　唐　繁　李君章
吕国庆　郑盼龙　钱继红　金永刚　李　松　孙中剑　唐海平　叶宝玉
李和龙　包顺红　苑金海　赵梦竹

主要审查人：王振鑫　杨　健　王　劲　刘　薇　程其云　杨希斌　李奥森　刘力华
于　波　赖启杰　赵奎运　申　安　刘　博　孙　斌　刘尚科　石玉成
袁新萍　叶锦树　丁爱武　王　希　柳　印　韩　彬

总 说 明

一、《电力建设工程工期定额（2022版）》共分为三册，包括：

《第一册　输变电工程》

《第二册　火力发电工程》

《第三册　风力、光伏发电工程》

二、本分册为《第一册　输变电工程》（简称本定额），本定额适用以下新建输变电工程：

（1）35～1000kV 交流工程、±200～±1100kV 直流工程、无功补偿工程、储能工程，其他电压等级及类似工程可参照使用；

（2）扩建工程可参考使用；

（3）中华人民共和国境内建设的工程，境外工程可参考使用。

三、本定额是以现行电力建设施工技术规范、电力建设施工质量验收规程、输变电工程启动试运行及验收规程为依据，结合近年来电力工程实际工期统计分析结果，经综合测算编制形成。

四、本定额水平确定原则：

（1）按照正常的自然条件和资金、施工场地、设计图、设备材料供应等充分保证下的正常工程建设条件编制；

（2）按照典型工程设计方案，综合考虑劳动效率、施工组织、技术装备水平和建设管理水平编制。

五、本定额是编审项目建议书、可行性研究报告和初步设计文件时确定项目建设工期的主要依据，是项目决策、设计、工程招标投标、施工组织的参考依据，也是确定主设备、主要辅助设备、主要材料招标采购期限的参考依据。

六、本定额所称总工期是指从开工点至该期工程经验收合格、竣工投产所需的时间（总工期开工点以各章使用说明的规定为准）。除各章另有说明外，电网工程的各种辅助（附属）工程均应在总工期内完成，不应再单独增列工期。

七、本定额工期是指日历天数（包括法定节假日），其中：

（1）总工期以“月”为计量单位，最小数值为 0.5 月，具体计算时 0.5 月采用 0.2 舍、0.3 入，1 月采用 0.7 舍、0.8 入的尾数进位方法，以 30 日为 1 月；

（2）分项工期以“日”为计量单位，最小数值为 1“日”。

八、工期调整：

（1）本定额工期未包括冬歇期时间，冬歇停工根据各地实际情况另行增加工期；

（2）施工过程中遇极端天气、政府政策性停工及其他不可抗力因素，可增加工期；

（3）施工过程中遇到文物、化石、溶洞、暗河等需要进行特殊处理且影响施工关键路线时，可增加工期；

（4）如建设工程为重大技术创新项目，可适当调整工期。

九、定额子目编号规则：

本定额中总工期、分项工期按两个层级编号，其中：

（1）总工期：QW①-②。Q 代表工期定额，W 代表电网工程；①为数字，代表章编号；②为数字，代表总工期子目流水号，从 1 开始顺序编号；

（2）分项工期：QW①-②-③。Q代表工期定额，W代表电网工程；①为数字，代表章编号；②为数字，代表总工期子目流水号，从1开始顺序编号；③为数字，代表分项工期子目流水号，在每个总工期项下从1开始顺序编号。

十、本定额中，凡采用“××以内”或“××以下”者，均已包括“××本身”；凡采用“××以外”或“××以上”者，均不包括“××本身”。

十一、总说明中未尽事宜，按各章说明执行。

目　录

第一章　变电工程

说明

（一）内容范围

变电工程工期定额（简称本章定额）包括户外变电站工程、户内变电站工程、地下变电站工程、换流站工程、无功补偿工程和电化学储能站工程。

（二）定额工期术语

1．总工期：是指从主体工程开工至工程验收合格，具备竣工投产所需的时间（均未含“五通一平”、地基处理，除地下变电站工程总工期含桩基础工程工期外，其他工程总工期未含桩基础工程工期）。主体工程是指控制室（楼）、主变压器系统、高低压配电装置及无功补偿等主要功能系统。

2．变电站、无功补偿、电化学储能站工程工期。

（1）桩基础工程工期：是指主要建筑物的工程桩基础开始施工至桩基础按设计要求完成所需要的工作时间，包括工程桩的施工、养护和检测时间，未包括工程桩施工前的试验桩施工及检测的时间。

（2）基础土方及垫层工程工期：是指从主体工程基础土方开挖或基坑支护开始施工至主要建（构）筑物［控制室（楼）、配电装置室、地下变电站建筑、调相机厂房等］基础土方开挖完成、垫层按设计要求完成所需的工作时间。

（3）基础浇筑及主要建（构）筑物工程工期：是指主要建（构）筑物基础开始浇筑混凝土至主要建（构）筑物按设计基本施工完成，验收合格后交付电气安装所需的工作时间。本条工期包含基础模板制作安装和钢筋绑扎的工作时间。

（4）安装工程工期：是指电气设备安装开始至电气一次、二次设备安装及二次接线完成，电气设备单体调试基本完成，具备分系统调试条件所需的工作时间。

（5）分系统调试及系统调试工期：是指工程分系统调试开始至保护、自动化及通信调试，工程验收、整套启动调试、试运行所需要的工作时间。

3．换流站工程工期。

（1）基础土方及垫层工程工期：是指从主体工程基础土方开挖或基坑支护开始施工至主要建（构）筑物（交流场、换流站阀厅、直流场、主控楼等）基础土方开挖完成，垫层按设计要求完成所需的工作时间。

（2）交流部分基础浇筑及主要建（构）筑物工程工期：是指交流部分主要建（构）筑物基础开始浇筑混凝土至交流场按设计基本施工完成，验收合格后交付交流电气设备安装所需的工作时间。本条工期包含基础模板制作安装和钢筋绑扎的工作时间。

（3）直流部分基础浇筑及主要建（构）筑物工程工期：是指直流部分主要建（构）筑物基础开始浇筑混凝土至主控楼、换流站阀厅、直流场按设计基本施工完成，验收合格后交付直流电气设备安装所需的工作时间。本条工期包含基础模板制作安装和钢筋绑扎的工作时间。

（4）交流设备安装工程工期：是指交流电气设备安装开始至交流场电气一次、二次设备安装及二次接线完成，交流电气设备单体调试基本完成，具备交流分系统调试条件所需的工作时间。

（5）交流分系统调试及系统调试工期：是指交流分系统调试开始至交流场保护、自动化及通信调试，工程验收，站系统调试所需的工作时间。

（6）直流设备安装工程工期：是指直流电气设备安装开始至主控楼、换流站阀厅、换流变压器、直流场电气一次设备、二次设备安装及二次接线完成，直流电气设备单体调试基本完成，具备直流分系统调试条件所需的工作时间。

（7）直流分系统调试及系统调试工期：是指直流分系统调试开始至主控楼、换流站阀厅、换流变压器、直流场保护、自动化及通信调试，工程验收，站系统及端对端调试，试运行所需的工作时间。

4．换流站接地极工程工期。

（1）开挖敷设接地极及设备安装工程工期：是指极环区域开挖至焦炭、馈电棒、配电电缆和导流电缆埋设完成，一次设备的安装就位和二次接线以及光纤熔接工作完成，具备分系统调试条件所需的工作时间。

（2）分系统调试及系统调试工期：是指分系统调试开始至保护、自动化及通信调试，工程验收，系统联调，试运行所需的工作时间。

DE 2022

（三）定额使用说明

1．本章定额适用于35～1000kV变电站和±200～±1100kV换流站新建工程。

2．本章定额分别列出了以下工程的工期。

（1）35、110、220、330、500、750、1000kV户外变电站工程，35、110、220、500kV户内变电站工程，35、110、220、500kV地下变电站工程工期。

（2）±500、±660、±800、±1100kV 常规直流换流站工程，±200、±500kV 柔性直流换流站工程，±500、±660、±800、±1100kV 换流站接地极工程工期。

（3）500、750、1000kV 串补站工程工期。

（4）2×300Mvar 调相机工程工期。

（5）10MW/20MWh、30MW/60MWh、60MW/120MWh 、120MW/240MWh 全户外电化学储能站工程和半户内电化学储能站工程工期。

3．本章定额未列出 66、154kV 变电站工程，±400kV 换流站工程，330kV 串补站工程工期，可按以下原则执行。

（1）66kV 变电站工程工期参照 110kV 变电站执行，154kV 变电站工程工期参照 220kV 变电站执行。

（2）±400kV 换流站工程工期参照±500kV 换流站执行。

（3）330kV 串补站工程工期参照 500kV 串补站执行。

4．半地下变电站工程工期可参考地下变电站执行。本章定额半地下变电站是指部分在地上，部分在地下，一般把主变压器置于地下，其余部分布置在地上（也有把主变压器置于地上，其余部分布置在地下）的变电站。

5．电化学储能站工程，主要包含电池、功率变换系统，电池管理系统，变压器，配电装置，保护控制、监控设备和建（构）筑物等。

（四）定额调整说明

1．高海拔地区的工程，工期应按相应的海拔乘以海拔高度调整系数 K（见表 1-1）。定额调整应在本章定额工期的基础上优先进行海拔高度系数调整。

表 1-1　　海拔调整系数表

海拔（m）	K 值
2200～2500	1.05
2500～3000	1.10
3000～3500	1.16
3500～4000	1.25
4000 以上	1.35

2．本章定额根据我国地理及气候条件差异分Ⅰ、Ⅱ、Ⅲ、Ⅳ四类地区设置工期，施工地区分类见表 1-2。

表 1-2　　施 工 地 区 分 类 表

地区		省、市、区名称	气象条件	
类别	级别		每年日平均温度5℃及以下的天数	最大冻土深度（cm）
Ⅰ	一般	上海、江苏、浙江、安徽、江西、湖南、湖北、四川、云南、贵州、广东、重庆、广西、福建、海南	≤94	≤40

续表

地区		省、市、区名称	气象条件	
类别	级别		每年日平均温度5℃及以下的天数	最大冻土深度（cm）
Ⅱ	寒冷	北京、天津、河北、山东、山西（朔州以南）、河南、陕西（延安以南）、甘肃（武威以东）	95～139	41～109
Ⅲ	严寒	辽宁、吉林、宁夏、内蒙古（锡林郭勒市以南）、青海（Ⅳ类地区除外）、新疆、甘肃（武威及以西）、陕西（延安及以北）、山西（朔州及以北）	140～179	110～189
Ⅳ	酷寒	黑龙江、内蒙古（锡林郭勒市及以北）、青海（海西、玉树、果洛地区）	≥180	≥190

注 1. Ⅰ类地区的部分酷热地区，当每年日最高气温超过37℃的天数在30天及以上时，工期可按Ⅱ类地区执行。

2. 西南地区（四川、云南、贵州、重庆）的工程，如所在地为山区，或年降雨天数超过150天的，工期可按Ⅱ类地区执行。

3. 变电站工程跨越上一年度日最高气温超过 37℃的月份时，其总工期按照定额工期增加上一年度最高气温超过37℃的天数。此项调整应在其他调整基础上进行。

4. 四川甘孜、阿坝、凉山州可按Ⅲ类地区执行；新疆北纬45°以北地区可按Ⅳ类地区执行；西藏全域可按Ⅲ类地区执行。

3．变电站扩建工程工期调整。

（1）扩建主变压器工程。每扩建 1 组主变压器，总工期按相应变电站工程工期乘以 0.4 系数；超过 1 组时，每增扩 1 组主变压器，增加 0.1 系数。

（2）扩建出线间隔工程。每扩建 2 个出线间隔（不足 2 个按 2 个考虑），总工期按相应变电站工程工期乘以 0.3 系数，每增扩 2 个出线间隔，增加 0.1 系数。

（3）扩建主变压器和扩建出线间隔同时发生时，工期调整系数可根据施工组织设计，按照扩建主变压器、扩建出线间隔工程的工期调整系数累加，或按其中较大的系数执行。

（4）扩建工程工期调整系数不应大于 1。

4．户外变电站工程工期调整。

（1）定额工期按现浇钢筋混凝土框架结构考虑，采用钢结构时，变电站建筑工程工期乘以 0.7～0.9 系数。

（2）预制舱式户外变电站工程，按照同容量户外变电站建筑工程、安装工程工期分别乘以 0.7～0.9 系数。

5．户内变电站工程工期调整。

（1）定额工期按现浇钢筋混凝土框架结构考虑，采用钢结构时，变电站建筑工程工期乘以 0.7～0.85 系数。

（2）定额工期按全户内布置方式考虑，半户内变电站工程，按照同容量户内变电站工程建筑工程、安装工程工期分别乘以 0.85 系数。

6．变电站、换流站、串补站、调相机及电化学储能站工程，定额工期按照常规设计考虑。高压出线回路数在 5 回及以下的工程，定额已综合考虑，使用时不做调整；出线回路数在 5 回以上的枢纽变电站工程，出线回路数每增加 2 回（不足 2 回按 2 回考虑），总工期和分项工期分别增加 0.05 系数。

7．500kV 变电站工程按单相变压器考虑，采用三相共体变压器的工程，总工期和分项工期分别乘以 0.95 系数。

8．1000kV 变电站工程工期包括高压电抗器安装工期。750kV 及以下变电站工程未包括高压电抗器安装工期，每增加一组高压电抗器，总工期和分项工期在相应变电站工程工期基础上分别增加 0.05 系数。

9．未安装变压器的开关站工程，总工期和分项工期按相应变电站工程工期分别乘以 0.6 系数；本期未安装变压器但留有变压器安装条件的开关站工程，总工期和分项工期分别乘以 0.85 系数。

10．换流站网侧有两个及以上电压等级分层接入工程，总工期增加 0.05～0.1 系数。

11．三端及以上柔直换流站工程，总工期增加 0.05～0.1 系数。

12．串补站工程，定额工期按一条线路串补考虑，每增加一条线路，总工期和分项工期分别增加 0.2 系数。

13．电化学储能站工程，定额工期按全户外储能站和半户内储能站两种布置方案考虑、按典型容量规模设置，储能电站规模介于定额标准情形之间时，可结合工程实际情况，采用直线内插、专家论证等方法估算工期，所估算工期值应介于所处的两档定额区间值范围内。

（1）全户外布置方案是指储能电池、PCS 设备、变压器及配电装置、站用变压器、二次设备等采用预制仓形式，各预制舱均布置在户外。全户外布置方案总工期和建筑工程工期未包括配电楼（室）、控制楼（室）等建筑物的施工时间。

（2）半户内布置方案是指储能电池、PCS 设备采用户外预制舱布置，变压器及配电装置、站用变压器、二次设备等部分设备在户内布置。半户内布置方案总工期和建筑工程工期考虑了配电楼（室）、控制楼（室）等建筑物的施工时间。

14．各工程的定额工期已综合考虑配置系统通信工程，未考虑配置安全稳定控制系统，如工程配置了安全稳定控制系统，定额总工期和分项工期分别增加 0.05 系数。

15．当在永冻土地理环境施工时，可适当增加工期。

16．当工程与市政工程交叉时，按市政要求调整工期。

第一节　户外变电站工程

一、35kV 变电站工程

编号	项目名称	单位	工期				备注
			Ⅰ类	Ⅱ类	Ⅲ类	Ⅳ类	
QW1-1	**35kV 变电站 40MVA 及以下**	**月**	**7**	**7.5**	**8**	**9**	**总工期**
QW1-1-1	基础土方及垫层工程	日	15	15	20	25	
QW1-1-2	基础浇筑及主要建（构）筑物工程	日	105	120	130	150	
QW1-1-3	安装工程	日	65	65	70	80	
QW1-1-4	分系统调试及系统调试	日	40	40	45	50	
QW1-2	**35kV 变电站 40MVA 以上**	**月**	**7.5**	**8**	**8.5**	**9.5**	**总工期**
QW1-2-1	基础土方及垫层工程	日	15	15	20	25	
QW1-2-2	基础浇筑及主要建（构）筑物工程	日	115	130	140	160	
QW1-2-3	安装工程	日	70	70	75	85	
QW1-2-4	分系统调试及系统调试	日	40	40	45	50	

二、110kV 变电站工程

编号	项目名称	单位	工期				备注
			Ⅰ类	Ⅱ类	Ⅲ类	Ⅳ类	
QW1-3	**110kV 变电站 65MVA 及以下**	**月**	**11**	**11.5**	**12**	**13**	**总工期**
QW1-3-1	基础土方及垫层工程	日	20	20	25	30	
QW1-3-2	基础浇筑及主要建（构）筑物工程	日	160	175	185	205	
QW1-3-3	安装工程	日	105	105	110	120	
QW1-3-4	分系统调试及系统调试	日	65	65	70	75	
QW1-4	**110kV 变电站 130MVA 及以下**	**月**	**11.5**	**12**	**12.5**	**13.5**	**总工期**
QW1-4-1	基础土方及垫层工程	日	20	20	25	30	
QW1-4-2	基础浇筑及主要建（构）筑物工程	日	170	185	195	215	
QW1-4-3	安装工程	日	110	110	115	125	
QW1-4-4	分系统调试及系统调试	日	65	65	70	75	
QW1-5	**110kV 变电站 130MVA 以上**	**月**	**12**	**12.5**	**13**	**14**	**总工期**
QW1-5-1	基础土方及垫层工程	日	20	20	25	30	
QW1-5-2	基础浇筑及主要建（构）筑物工程	日	180	195	205	225	
QW1-5-3	安装工程	日	115	115	120	130	
QW1-5-4	分系统调试及系统调试	日	65	65	70	75	

三、220kV 变电站工程

编号	项目名称	单位	工期				备注
			Ⅰ类	Ⅱ类	Ⅲ类	Ⅳ类	
QW1-6	**220kV 变电站 240MVA 及以下**	**月**	**14**	**14.5**	**15**	**16**	总工期
QW1-6-1	基础土方及垫层工程	日	25	25	30	35	
QW1-6-2	基础浇筑及主要建（构）筑物工程	日	210	225	235	255	
QW1-6-3	安装工程	日	120	120	125	135	
QW1-6-4	分系统调试及系统调试	日	100	100	105	110	
QW1-7	**220kV 变电站 480MVA 及以下**	**月**	**14.5**	**15**	**15.5**	**16.5**	总工期
QW1-7-1	基础土方及垫层工程	日	25	25	30	35	
QW1-7-2	基础浇筑及主要建（构）筑物工程	日	220	235	245	265	
QW1-7-3	安装工程	日	125	125	130	140	
QW1-7-4	分系统调试及系统调试	日	100	100	105	110	
QW1-8	**220kV 变电站 480MVA 以上**	**月**	**15**	**15.5**	**16**	**17**	总工期
QW1-8-1	基础土方及垫层工程	日	25	25	30	35	
QW1-8-2	基础浇筑及主要建（构）筑物工程	日	230	245	255	275	
QW1-8-3	安装工程	日	130	130	135	145	
QW1-8-4	分系统调试及系统调试	日	100	100	105	110	

DE 2022

四、330kV 变电站工程

编号	项目名称	单位	工期				备注
			Ⅰ类	Ⅱ类	Ⅲ类	Ⅳ类	
QW1-9	**330kV 变电站 300MVA 及以下**	月	**16**	**16.5**	**17**	**18**	总工期
QW1-9-1	基础土方及垫层工程	日	30	30	35	40	
QW1-9-2	基础浇筑及主要建（构）筑物工程	日	250	265	275	295	
QW1-9-3	安装工程	日	140	140	145	155	
QW1-9-4	分系统调试及系统调试	日	110	110	115	120	
QW1-10	**330kV 变电站 480MVA 及以下**	月	**16.5**	**17**	**17.5**	**18.5**	总工期
QW1-10-1	基础土方及垫层工程	日	30	30	35	40	
QW1-10-2	基础浇筑及主要建（构）筑物工程	日	260	275	285	305	
QW1-10-3	安装工程	日	145	145	150	160	
QW1-10-4	分系统调试及系统调试	日	110	110	115	120	
QW1-11	**330kV 变电站 480MVA 以上**	月	**17**	**17.5**	**18**	**19**	总工期
QW1-11-1	基础土方及垫层工程	日	30	30	35	40	
QW1-11-2	基础浇筑及主要建（构）筑物工程	日	270	285	295	315	
QW1-11-3	安装工程	日	150	150	155	165	
QW1-11-4	分系统调试及系统调试	日	110	110	115	120	

五、500kV 变电站工程

编号	项目名称	单位	工期				备注
			Ⅰ类	Ⅱ类	Ⅲ类	Ⅳ类	
QW1-12	**500kV 变电站 1000MVA 及以下**	**月**	**18**	**18.5**	**19**	**20**	总工期
QW1-12-1	基础土方及垫层工程	日	35	35	40	45	
QW1-12-2	基础浇筑及主要建（构）筑物工程	日	270	285	295	315	
QW1-12-3	安装工程	日	165	165	170	180	
QW1-12-4	分系统调试及系统调试	日	120	120	125	135	
QW1-13	**500kV 变电站 1500MVA 及以下**	**月**	**18.5**	**19**	**19.5**	**20.5**	总工期
QW1-13-1	基础土方及垫层工程	日	35	35	40	45	
QW1-13-2	基础浇筑及主要建（构）筑物工程	日	280	295	305	325	
QW1-13-3	安装工程	日	170	170	175	185	
QW1-13-4	分系统调试及系统调试	日	120	120	125	135	
QW1-14	**500kV 变电站 1500MVA 以上**	**月**	**19**	**19.5**	**20**	**21**	总工期
QW1-14-1	基础土方及垫层工程	日	35	35	40	45	
QW1-14-2	基础浇筑及主要建（构）筑物工程	日	290	305	315	335	
QW1-14-3	安装工程	日	175	175	180	190	
QW1-14-4	分系统调试及系统调试	日	120	120	125	135	

六、750kV 变电站工程

编号	项目名称	单位	工期				备注
			Ⅰ类	Ⅱ类	Ⅲ类	Ⅳ类	
QW1-15	**750kV 变电站 1600MVA 及以下**	**月**	**20**	**20.5**	**21**	**22**	总工期
QW1-15-1	基础土方及垫层工程	日	40	40	45	50	
QW1-15-2	基础浇筑及主要建（构）筑物工程	日	300	315	325	345	
QW1-15-3	安装工程	日	185	185	190	200	
QW1-15-4	分系统调试及系统调试	日	130	130	140	150	
QW1-16	**750kV 变电站 2100MVA 及以下**	**月**	**20.5**	**21**	**21.5**	**22.5**	总工期
QW1-16-1	基础土方及垫层工程	日	40	40	45	50	
QW1-16-2	基础浇筑及主要建（构）筑物工程	日	310	325	335	355	
QW1-16-3	安装工程	日	190	190	195	205	
QW1-16-4	分系统调试及系统调试	日	130	130	140	150	
QW1-17	**750kV 变电站 2100MVA 以上**	**月**	**21**	**21.5**	**22**	**23**	总工期
QW1-17-1	基础土方及垫层工程	日	40	40	45	50	
QW1-17-2	基础浇筑及主要建（构）筑物工程	日	320	335	345	365	
QW1-17-3	安装工程	日	195	195	200	210	
QW1-17-4	分系统调试及系统调试	日	130	130	140	150	

七、1000kV 变电站工程

编号	项目名称	单位	工期				备注
			Ⅰ类	Ⅱ类	Ⅲ类	Ⅳ类	
QW1-18	**1000kV 变电站 3500MVA 及以下**	**月**	**25**	**26**	**27**	**28.5**	总工期
QW1-18-1	基础土方及垫层工程	日	45	45	50	55	
QW1-18-2	基础浇筑及主要建（构）筑物工程	日	390	415	435	465	
QW1-18-3	安装工程	日	240	245	255	270	
QW1-18-4	分系统调试及系统调试	日	150	150	160	170	
QW1-19	**1000kV 变电站 7000MVA 及以下**	**月**	**26**	**27**	**28**	**29.5**	总工期
QW1-19-1	基础土方及垫层工程	日	45	45	50	55	
QW1-19-2	基础浇筑及主要建（构）筑物工程	日	410	435	455	485	
QW1-19-3	安装工程	日	250	255	265	280	
QW1-19-4	分系统调试及系统调试	日	150	150	160	170	
QW1-20	**1000kV 变电站 7000MVA 以上**	**月**	**27**	**28**	**29**	**30.5**	总工期
QW1-20-1	基础土方及垫层工程	日	45	45	50	55	
QW1-20-2	基础浇筑及主要建（构）筑物工程	日	430	455	475	505	
QW1-20-3	安装工程	日	260	265	275	290	
QW1-20-4	分系统调试及系统调试	日	150	150	160	170	

第二节　户内变电站工程

一、35kV 户内变电站工程

编号	项目名称	单位	工期				备注
			Ⅰ类	Ⅱ类	Ⅲ类	Ⅳ类	
QW1-21	**35kV 变电站 40MVA 及以下**	月	**9.5**	**10**	**10.5**	**11.5**	总工期
QW1-21-1	基础土方及垫层工程	日	20	20	25	30	
QW1-21-2	基础浇筑及主要建（构）筑物工程	日	175	190	200	220	
QW1-21-3	安装工程	日	70	70	75	85	
QW1-21-4	分系统调试及系统调试	日	40	40	45	50	
QW1-22	**35kV 变电站 40MVA 以上**	月	**10**	**10.5**	**11**	**12**	总工期
QW1-22-1	基础土方及垫层工程	日	20	20	25	30	
QW1-22-2	基础浇筑及主要建（构）筑物工程	日	185	200	210	230	
QW1-22-3	安装工程	日	75	75	80	90	
QW1-22-4	分系统调试及系统调试	日	40	40	45	50	

二、110kV 户内变电站工程

编号	项目名称	单位	工期				备注
			Ⅰ类	Ⅱ类	Ⅲ类	Ⅳ类	
QW1-23	**110kV 变电站 65MVA 及以下**	**月**	**13**	**13.5**	**14**	**15**	总工期
QW1-23-1	基础土方及垫层工程	日	35	35	40	45	
QW1-23-2	基础浇筑及主要建（构）筑物工程	日	220	235	245	265	
QW1-23-3	安装工程	日	110	110	115	125	
QW1-23-4	分系统调试及系统调试	日	65	65	70	75	
QW1-24	**110kV 变电站 130MVA 及以下**	**月**	**13.5**	**14**	**14.5**	**15.5**	总工期
QW1-24-1	基础土方及垫层工程	日	35	35	40	45	
QW1-24-2	基础浇筑及主要建（构）筑物工程	日	230	245	255	275	
QW1-24-3	安装工程	日	115	115	120	130	
QW1-24-4	分系统调试及系统调试	日	65	65	70	75	
QW1-25	**110kV 变电站 130MVA 以上**	**月**	**14**	**14.5**	**15**	**16**	总工期
QW1-25-1	基础土方及垫层工程	日	35	35	40	45	
QW1-25-2	基础浇筑及主要建（构）筑物工程	日	240	255	265	285	
QW1-25-3	安装工程	日	120	120	125	135	
QW1-25-4	分系统调试及系统调试	日	65	65	70	75	

三、220kV 户内变电站工程

编号	项目名称	单位	工期				备注
			Ⅰ类	Ⅱ类	Ⅲ类	Ⅳ类	
QW1-26	**220kV 变电站 240MVA 及以下**	月	**18.5**	**19**	**19.5**	**20.5**	总工期
QW1-26-1	基础土方及垫层工程	日	50	50	55	60	
QW1-26-2	基础浇筑及主要建（构）筑物工程	日	320	335	345	365	
QW1-26-3	安装工程	日	125	125	130	140	
QW1-26-4	分系统调试及系统调试	日	100	100	105	110	
QW1-27	**220kV 变电站 480MVA 及以下**	月	**19**	**19.5**	**20**	**21**	总工期
QW1-27-1	基础土方及垫层工程	日	50	50	55	60	
QW1-27-2	基础浇筑及主要建（构）筑物工程	日	330	345	355	375	
QW1-27-3	安装工程	日	130	130	135	145	
QW1-27-4	分系统调试及系统调试	日	100	100	105	110	
QW1-28	**220kV 变电站 480MVA 以上**	月	**19.5**	**20**	**20.5**	**21.5**	总工期
QW1-28-1	基础土方及垫层工程	日	50	50	55	60	
QW1-28-2	基础浇筑及主要建（构）筑物工程	日	340	355	365	385	
QW1-28-3	安装工程	日	135	135	140	150	
QW1-28-4	分系统调试及系统调试	日	100	100	105	110	

四、500kV 户内变电站工程

编号	项目名称	单位	工期				备注
			Ⅰ类	Ⅱ类	Ⅲ类	Ⅳ类	
QW1-29	**500kV 变电站 1000MVA 及以下**	**月**	**22**	**22.5**	**23**	**24**	总工期
QW1-29-1	基础土方及垫层工程	日	60	60	65	70	
QW1-29-2	基础浇筑及主要建（构）筑物工程	日	350	365	375	395	
QW1-29-3	安装工程	日	170	170	180	190	
QW1-29-4	分系统调试及系统调试	日	120	120	125	130	
QW1-30	**500kV 变电站 1500MVA 及以下**	**月**	**22.5**	**23**	**23.5**	**24.5**	总工期
QW1-30-1	基础土方及垫层工程	日	60	60	65	70	
QW1-30-2	基础浇筑及主要建（构）筑物工程	日	360	375	385	405	
QW1-30-3	安装工程	日	175	175	185	195	
QW1-30-4	分系统调试及系统调试	日	120	120	125	130	
QW1-31	**500kV 变电站 1500MVA 以上**	**月**	**23**	**23.5**	**24**	**25**	总工期
QW1-31-1	基础土方及垫层工程	日	60	60	65	70	
QW1-31-2	基础浇筑及主要建（构）筑物工程	日	370	385	395	415	
QW1-31-3	安装工程	日	180	180	190	200	
QW1-31-4	分系统调试及系统调试	日	120	120	125	130	

DE 2022

第三节　地下变电站工程

一、35kV 地下变电站工程

编号	项目名称	单位	工期				备注
			Ⅰ类	Ⅱ类	Ⅲ类	Ⅳ类	
QW1-32	**35kV 变电站 40MVA 及以下**	月	**15**	**15.5**	**16**	**17**	总工期
QW1-32-1	桩基础工程	日	40	40	45	50	
QW1-32-2	基础土方及垫层工程	日	70	70	75	80	
QW1-32-3	基础浇筑及主要建（构）筑物工程	日	280	295	305	325	
QW1-32-4	安装工程	日	70	70	75	85	
QW1-32-5	分系统调试及系统调试	日	40	40	45	50	
QW1-33	**35kV 变电站 40MVA 以上**	月	**16**	**16.5**	**17**	**18**	总工期
QW1-33-1	桩基础工程	日	45	45	50	55	
QW1-33-2	基础土方及垫层工程	日	75	75	80	85	
QW1-33-3	基础浇筑及主要建（构）筑物工程	日	295	310	320	340	
QW1-33-4	安装工程	日	75	75	80	90	
QW1-33-5	分系统调试及系统调试	日	40	40	45	50	

二、110kV 地下变电站工程

编号	项目名称	单位	工期				备注
			Ⅰ类	Ⅱ类	Ⅲ类	Ⅳ类	
QW1-34	**110kV 变电站 65MVA 及以下**	**月**	**21**	**21.5**	**22**	**23**	总工期
QW1-34-1	桩基础工程	日	70	70	75	80	
QW1-34-2	基础土方及垫层工程	日	95	95	100	105	
QW1-34-3	基础浇筑及主要建（构）筑物工程	日	350	365	375	395	
QW1-34-4	安装工程	日	100	100	105	115	
QW1-34-5	分系统调试及系统调试	日	65	65	70	75	
QW1-35	**110kV 变电站 130MVA 及以下**	**月**	**22**	**22.5**	**23**	**24**	总工期
QW1-35-1	桩基础工程	日	75	75	80	85	
QW1-35-2	基础土方及垫层工程	日	100	100	105	110	
QW1-35-3	基础浇筑及主要建（构）筑物工程	日	365	380	390	410	
QW1-35-4	安装工程	日	105	105	110	120	
QW1-35-5	分系统调试及系统调试	日	65	65	70	75	

续表

编号	项目名称	单位	工期				备注
			Ⅰ类	Ⅱ类	Ⅲ类	Ⅳ类	
QW1-36	**110kV 变电站 130MVA 以上**	月	**23**	**23.5**	**24**	**25**	总工期
QW1-36-1	桩基础工程	日	80	80	85	90	
QW1-36-2	基础土方及垫层工程	日	105	105	110	115	
QW1-36-3	基础浇筑及主要建（构）筑物工程	日	380	395	405	425	
QW1-36-4	安装工程	日	110	110	115	125	
QW1-36-5	分系统调试及系统调试	日	65	65	70	75	

三、220kV 地下变电站工程

编号	项目名称	单位	工期				备注
			Ⅰ类	Ⅱ类	Ⅲ类	Ⅳ类	
QW1-37	**220kV 变电站 240MVA 及以下**	月	**28**	**28.5**	**29**	**30**	总工期
QW1-37-1	桩基础工程	日	80	80	85	90	
QW1-37-2	基础土方及垫层工程	日	150	150	155	160	
QW1-37-3	基础浇筑及主要建（构）筑物工程	日	415	430	440	460	
QW1-37-4	安装工程	日	150	150	155	165	
QW1-37-5	分系统调试及系统调试	日	100	100	105	110	

续表

编号	项目名称	单位	工期				备注
			Ⅰ类	Ⅱ类	Ⅲ类	Ⅳ类	
QW1-38	**220kV 变电站 480MVA 及以下**	**月**	**29**	**29.5**	**30**	**31**	**总工期**
QW1-38-1	桩基础工程	日	85	85	90	95	
QW1-38-2	基础土方及垫层工程	日	155	155	160	165	
QW1-38-3	基础浇筑及主要建（构）筑物工程	日	430	445	455	475	
QW1-38-4	安装工程	日	155	155	160	170	
QW1-38-5	分系统调试及系统调试	日	100	100	105	110	
QW1-39	**220kV 变电站 480MVA 以上**	**月**	**30**	**30.5**	**31**	**32**	**总工期**
QW1-39-1	桩基础工程	日	90	90	95	100	
QW1-39-2	基础土方及垫层工程	日	160	160	165	170	
QW1-39-3	基础浇筑及主要建（构）筑物工程	日	445	460	470	490	
QW1-39-4	安装工程	日	160	160	165	175	
QW1-39-5	分系统调试及系统调试	日	100	100	105	110	

四、500kV 地下变电站工程

编号	项目名称	单位	工期				备注
			Ⅰ类	Ⅱ类	Ⅲ类	Ⅳ类	
QW1-40	**500kV 变电站 1000MVA 及以下**	**月**	**35**	**36**	**37**	**38.5**	总工期
QW1-40-1	桩基础工程	日	90	95	100	105	
QW1-40-2	基础土方及垫层工程	日	280	285	290	300	
QW1-40-3	基础浇筑及主要建（构）筑物工程	日	440	455	470	490	
QW1-40-4	安装工程	日	180	185	190	200	
QW1-40-5	分系统调试及系统调试	日	120	120	125	130	
QW1-41	**500kV 变电站 1500MVA 及以下**	**月**	**37**	**38**	**39**	**40.5**	总工期
QW1-41-1	桩基础工程	日	95	100	105	110	
QW1-41-2	基础土方及垫层工程	日	290	295	300	310	
QW1-41-3	基础浇筑及主要建（构）筑物工程	日	470	485	500	520	
QW1-41-4	安装工程	日	195	200	205	215	
QW1-41-5	分系统调试及系统调试	日	120	120	125	130	

续表

编号	项目名称	单位	工期				备注
			Ⅰ类	Ⅱ类	Ⅲ类	Ⅳ类	
QW1-42	**500kV 变电站 1500MVA 以上**	**月**	**39**	**40**	**41**	**42.5**	**总工期**
QW1-42-1	桩基础工程	日	100	105	110	115	
QW1-42-2	基础土方及垫层工程	日	300	305	310	320	
QW1-42-3	基础浇筑及主要建（构）筑物工程	日	500	515	530	550	
QW1-42-4	安装工程	日	210	215	220	230	
QW1-42-5	分系统调试及系统调试	日	120	120	125	130	

第四节　换流站工程

一、±500kV 换流站工程

编号	项目名称	单位	工期				备注
			Ⅰ类	Ⅱ类	Ⅲ类	Ⅳ类	
QW1-43	**±500kV 换流站换流容量 1800MVA 及以下**	**月**	**22**	**23**	**24**	**25.5**	总工期
QW1-43-1	基础土方及垫层工程	日	40	40	45	50	
QW1-43-2	交流部分基础浇筑及主要建（构）筑物工程	日	200	220	240	265	
QW1-43-3	直流部分基础浇筑及主要建（构）筑物工程	日	220	240	260	285	
QW1-43-4	交流设备安装工程	日	155	165	175	190	
QW1-43-5	交流分系统调试及系统调试	日	80	80	90	95	
QW1-43-6	直流设备安装工程	日	155	165	175	190	
QW1-43-7	直流分系统调试及系统调试	日	110	110	115	120	
QW1-44	**±500kV 换流站换流容量 3000MVA 及以下**	**月**	**22.5**	**23.5**	**24.5**	**26**	总工期
QW1-44-1	基础土方及垫层工程	日	40	40	45	50	
QW1-44-2	交流部分基础浇筑及主要建（构）筑物工程	日	210	230	250	275	

续表

编号	项目名称	单位	工期				备注
			Ⅰ类	Ⅱ类	Ⅲ类	Ⅳ类	
QW1-44-3	直流部分基础浇筑及主要建（构）筑物工程	日	230	250	270	295	
QW1-44-4	交流设备安装工程	日	160	170	180	195	
QW1-44-5	交流分系统调试及系统调试	日	80	80	90	95	
QW1-44-6	直流设备安装工程	日	160	170	180	195	
QW1-44-7	直流分系统调试及系统调试	日	110	110	115	120	
QW1-45	**±500kV 换流站换流容量 3000MVA 以上**	**月**	**23**	**24**	**25**	**26.5**	**总工期**
QW1-45-1	基础土方及垫层工程	日	40	40	45	50	
QW1-45-2	交流部分基础浇筑及主要建（构）筑物工程	日	220	240	260	285	
QW1-45-3	直流部分基础浇筑及主要建（构）筑物工程	日	240	260	280	305	
QW1-45-4	交流设备安装工程	日	165	175	185	200	
QW1-45-5	交流分系统调试及系统调试	日	80	80	90	95	
QW1-45-6	直流设备安装工程	日	165	175	185	200	
QW1-45-7	直流分系统调试及系统调试	日	110	110	115	120	

二、±660kV 换流站工程

编号	项目名称	单位	工期				备注
			Ⅰ类	Ⅱ类	Ⅲ类	Ⅳ类	
QW1-46	**±660kV 换流站换流容量 4000MVA 及以下**	**月**	**24**	**25**	**26**	**27.5**	总工期
QW1-46-1	基础土方及垫层工程	日	45	45	50	55	
QW1-46-2	交流部分基础浇筑及主要建（构）筑物工程	日	230	250	270	295	
QW1-46-3	直流部分基础浇筑及主要建（构）筑物工程	日	250	270	290	315	
QW1-46-4	交流设备安装工程	日	175	185	195	210	
QW1-46-5	交流分系统调试及系统调试	日	90	90	95	100	
QW1-46-6	直流设备安装工程	日	175	185	195	210	
QW1-46-7	直流分系统调试及系统调试	日	120	120	125	130	
QW1-47	**±660kV 换流站换流容量 4000MVA 以上**	**月**	**25**	**26**	**27**	**28.5**	总工期
QW1-47-1	基础土方及垫层工程	日	45	45	50	55	
QW1-47-2	交流部分基础浇筑及主要建（构）筑物工程	日	250	270	290	315	
QW1-47-3	直流部分基础浇筑及主要建（构）筑物工程	日	270	290	310	335	
QW1-47-4	交流设备安装工程	日	180	190	200	215	
QW1-47-5	交流分系统调试及系统调试	日	90	90	95	100	
QW1-47-6	直流设备安装工程	日	180	190	200	215	
QW1-47-7	直流分系统调试及系统调试	日	120	120	125	130	

三、±800kV 换流站工程

编号	项目名称	单位	工期				备注
			Ⅰ类	Ⅱ类	Ⅲ类	Ⅳ类	
QW1-48	**±800kV 换流站换流容量 8000MVA 及以下**	**月**	**26**	**27**	**28**	**29.5**	**总工期**
QW1-48-1	基础土方及垫层工程	日	55	55	60	65	
QW1-48-2	交流部分基础浇筑及主要建（构）筑物工程	日	250	270	290	315	
QW1-48-3	直流部分基础浇筑及主要建（构）筑物工程	日	270	290	310	335	
QW1-48-4	交流设备安装工程	日	195	205	215	230	
QW1-48-5	交流分系统调试及系统调试	日	100	100	105	110	
QW1-48-6	直流设备安装工程	日	195	205	215	230	
QW1-48-7	直流分系统调试及系统调试	日	130	130	135	140	
QW1-49	**±800kV 换流站换流容量 10000MVA 及以下**	**月**	**27**	**28**	**29**	**30.5**	**总工期**
QW1-49-1	基础土方及垫层工程	日	55	55	60	65	
QW1-49-2	交流部分基础浇筑及主要建（构）筑物工程	日	270	290	310	335	
QW1-49-3	直流部分基础浇筑及主要建（构）筑物工程	日	290	310	330	355	

续表

编号	项目名称	单位	工期				备注
			Ⅰ类	Ⅱ类	Ⅲ类	Ⅳ类	
QW1-49-4	交流设备安装工程	日	200	210	220	235	
QW1-49-5	交流分系统调试及系统调试	日	100	100	105	110	
QW1-49-6	直流设备安装工程	日	200	210	220	235	
QW1-49-7	直流分系统调试及系统调试	日	130	130	135	140	
QW1-50	**±800kV 换流站换流容量 10000MVA 以上**	**月**	**28**	**29**	**30**	**31.5**	总工期
QW1-50-1	基础土方及垫层工程	日	55	55	60	65	
QW1-50-2	交流部分基础浇筑及主要建（构）筑物工程	日	290	310	330	355	
QW1-50-3	直流部分基础浇筑及主要建（构）筑物工程	日	310	330	350	375	
QW1-50-4	交流设备安装工程	日	205	215	225	240	
QW1-50-5	交流分系统调试及系统调试	日	100	100	105	110	
QW1-50-6	直流设备安装工程	日	205	215	225	240	
QW1-50-7	直流分系统调试及系统调试	日	130	130	135	140	

四、±1100kV 换流站工程

编号	项目名称	单位	工期				备注
			Ⅰ类	Ⅱ类	Ⅲ类	Ⅳ类	
QW1-51	**±1100kV 换流站换流容量 12000MVA 及以下**	**月**	**28.5**	**29.5**	**30.5**	**32**	总工期
QW1-51-1	基础土方及垫层工程	日	55	55	60	65	
QW1-51-2	交流部分基础浇筑及主要建（构）筑物工程	日	350	370	390	415	
QW1-51-3	直流部分基础浇筑及主要建（构）筑物工程	日	360	380	400	425	
QW1-51-4	交流设备安装工程	日	205	215	225	240	
QW1-51-5	交流分系统调试及系统调试	日	105	105	110	115	
QW1-51-6	直流设备安装工程	日	295	305	315	330	
QW1-51-7	直流分系统调试及系统调试	日	135	135	140	145	

五、柔直换流站工程

编号	项目名称	单位	工期				备注
			Ⅰ类	Ⅱ类	Ⅲ类	Ⅳ类	
QW1-52	**±200kV 柔直换流站**	**月**	**13**	**13.5**	**14**	**15**	总工期
QW1-52-1	基础土方及垫层工程	日	35	35	40	45	
QW1-52-2	交流部分基础浇筑及主要建（构）筑物工程	日	170	180	190	215	
QW1-52-3	直流部分基础浇筑及主要建（构）筑物工程	日	180	190	200	225	
QW1-52-4	交流设备安装工程	日	80	85	90	105	
QW1-52-5	交流分系统调试及系统调试	日	75	75	80	90	
QW1-52-6	直流设备安装工程	日	100	105	110	125	
QW1-52-7	直流分系统调试及系统调试	日	105	105	115	125	
QW1-53	**±500kV 柔直换流站**	**月**	**23**	**24**	**25**	**26.5**	总工期
QW1-53-1	基础土方及垫层工程	日	40	40	45	50	
QW1-53-2	交流部分基础浇筑及主要建（构）筑物工程	日	200	220	240	265	
QW1-53-3	直流部分基础浇筑及主要建（构）筑物工程	日	220	240	260	285	
QW1-53-4	交流设备安装工程	日	160	170	180	195	
QW1-53-5	交流分系统调试及系统调试	日	90	90	100	110	
QW1-53-6	直流设备安装工程	日	170	180	190	205	
QW1-53-7	直流分系统调试及系统调试	日	135	135	145	155	

六、换流站接地极工程

编号	项目名称	单位	工期				备注
			Ⅰ类	Ⅱ类	Ⅲ类	Ⅳ类	
QW1-54	**±500kV 换流站接地极**	**月**	**9.5**	**10**	**10.5**	**11.5**	总工期
QW1-54-1	开挖敷设接地极及设备安装工程	日	255	270	285	315	
QW1-54-2	分系统调试及系统调试	日	30	30	35	40	
QW1-55	**±660kV 换流站接地极**	**月**	**10**	**10.5**	**11**	**12**	总工期
QW1-55-1	开挖敷设接地极及设备安装工程	日	270	285	300	330	
QW1-55-2	分系统调试及系统调试	日	30	30	35	40	
QW1-56	**±800kV 换流站接地极**	**月**	**11**	**11.5**	**12**	**13**	总工期
QW1-56-1	开挖敷设接地极及设备安装工程	日	300	315	330	360	
QW1-56-2	分系统调试及系统调试	日	30	30	35	40	
QW1-57	**±1100kV 换流站接地极**	**月**	**12**	**12.5**	**13**	**14**	总工期
QW1-57-1	开挖敷设接地极及设备安装工程	日	330	345	360	390	
QW1-57-2	分系统调试及系统调试	日	30	30	35	40	

第五节　无功补偿工程

一、串补站工程

编号	项目名称	单位	工期				备注
			Ⅰ类	Ⅱ类	Ⅲ类	Ⅳ类	
QW1-58	**500kV 串补站**	**月**	**7**	**8**	**9**	**10**	总工期
QW1-58-1	基础土方及垫层工程	日	15	15	20	25	
QW1-58-2	基础浇筑及主要建（构）筑物工程	日	65	80	95	110	
QW1-58-3	安装工程	日	120	135	150	165	
QW1-58-4	分系统调试及系统调试	日	60	60	65	70	
QW1-59	**750kV 串补站**	**月**	**8**	**9**	**10**	**11**	总工期
QW1-59-1	基础土方及垫层工程	日	15	15	20	25	
QW1-59-2	基础浇筑及主要建（构）筑物工程	日	75	90	105	120	
QW1-59-3	安装工程	日	125	140	155	170	
QW1-59-4	分系统调试及系统调试	日	65	65	70	75	

续表

编号	项目名称	单位	工期				备注
			Ⅰ类	Ⅱ类	Ⅲ类	Ⅳ类	
QW1-60	**1000kV 串补站**	月	**10**	**11**	**12**	**13**	总工期
QW1-60-1	基础土方及垫层工程	日	20	20	25	30	
QW1-60-2	基础浇筑及主要建（构）筑物工程	日	105	120	135	150	
QW1-60-3	安装工程	日	140	155	170	185	
QW1-60-4	分系统调试及系统调试	日	75	75	80	85	

二、调相机工程

编号	项目名称	单位	工期				备注
			Ⅰ类	Ⅱ类	Ⅲ类	Ⅳ类	
QW1-61	**2×300Mvar 调相机**	月	**18.5**	**19.5**	**20.5**	**22**	总工期
QW1-61-1	基础土方及垫层工程	日	30	30	35	40	
QW1-61-2	基础浇筑及主要建（构）筑物工程	日	210	230	250	280	
QW1-61-3	安装工程	日	195	205	215	230	
QW1-61-4	分系统调试及系统调试	日	150	150	160	170	

第六节　电化学储能站工程

一、全户外电化学储能站工程

编号	项目名称	单位	工期				备注
			Ⅰ类	Ⅱ类	Ⅲ类	Ⅳ类	
QW1-62	**10MW/20MWh 电化学储能站**	月	**4**	**4**	**4.5**	**5.5**	总工期
QW1-62-1	基础及主要建（构）筑物工程	日	45	45	55	70	
QW1-62-2	安装工程	日	35	35	40	50	
QW1-62-3	分系统调试及系统调试	日	40	40	45	50	
QW1-63	**30MW/60MWh 电化学储能站**	月	**5**	**5**	**5.5**	**6.5**	总工期
QW1-63-1	基础及主要建（构）筑物工程	日	55	55	65	80	
QW1-63-2	安装工程	日	45	45	50	60	
QW1-63-3	分系统调试及系统调试	日	50	50	55	60	
QW1-64	**60MW/120MWh 电化学储能站**	月	**6**	**6**	**6.5**	**7.5**	总工期
QW1-64-1	基础及主要建（构）筑物工程	日	75	75	85	100	
QW1-64-2	安装工程	日	50	50	55	65	
QW1-64-3	分系统调试及系统调试	日	55	55	60	65	

续表

编号	项目名称	单位	工期				备注
			Ⅰ类	Ⅱ类	Ⅲ类	Ⅳ类	
QW1-65	**120MW/240MWh 电化学储能站**	**月**	**7**	**7**	**7.5**	**8.5**	**总工期**
QW1-65-1	基础及主要建（构）筑物工程	日	95	95	105	120	
QW1-65-2	安装工程	日	55	55	60	70	
QW1-65-3	分系统调试及系统调试	日	60	60	65	70	

二、半户内电化学储能站工程

编号	项目名称	单位	工期				备注
			Ⅰ类	Ⅱ类	Ⅲ类	Ⅳ类	
QW1-66	**10MW/20MWh 电化学储能站**	**月**	**6**	**6**	**6.5**	**7.5**	**总工期**
QW1-66-1	基础及主要建（构）筑物工程	日	95	95	105	120	
QW1-66-2	安装工程	日	40	40	45	55	
QW1-66-3	分系统调试及系统调试	日	45	45	50	55	

续表

编号	项目名称	单位	工期				备注
			Ⅰ类	Ⅱ类	Ⅲ类	Ⅳ类	
QW1-67	**30MW/60MWh 电化学储能站**	**月**	**7**	**7**	**7.5**	**8.5**	**总工期**
QW1-67-1	基础及主要建（构）筑物工程	日	115	115	125	140	
QW1-67-2	安装工程	日	45	45	50	60	
QW1-67-3	分系统调试及系统调试	日	50	50	55	60	
QW1-68	**60MW/120MWh 电化学储能站**	**月**	**8.5**	**8.5**	**9**	**10**	**总工期**
QW1-68-1	基础及主要建（构）筑物工程	日	150	150	160	175	
QW1-68-2	安装工程	日	50	50	55	65	
QW1-68-3	分系统调试及系统调试	日	55	55	60	65	
QW1-69	**120MW/240MWh 电化学储能站**	**月**	**10**	**10**	**10.5**	**11.5**	**总工期**
QW1-69-1	基础及主要建（构）筑物工程	日	175	175	185	200	
QW1-69-2	安装工程	日	60	60	65	75	
QW1-69-3	分系统调试及系统调试	日	65	65	70	75	

第二章　架空线路工程

说明

（一）内容范围

架空线路工程工期定额（简称本章定额）包括交流单回线路工程、交流双回线路工程、直流线路工程、大跨越工程。

（二）定额工期术语

1．总工期：是指从第一基基坑开挖至该工程验收合格，具备竣工投产条件所需的时间。

2．基础工程工期：是指从第一基基坑开挖至最后一基基础完成所需要的工作时间，主要包括基坑开挖、基础浇制、接地槽挖方、接地体埋设、土方回填、防护修筑等。

3．组塔工程工期：是指从第一基杆塔组立开始至最后一基杆塔组立完成所需要的工作时间，主要包括杆塔组立、接地安装。

4．架线附件及验收工期：是指从第一段导地线架设开始至该工程验收合格具备带电条件所需的时间，主要包括架线施工、附件安装等工作。

（三）定额使用说明

1．本章定额适用于35～1000kV交流线路、±200～±1100kV直流线路新建工程。

2．66、154kV参照110kV电压等级定额子目，±200kV参照220kV单回路电压等级定额子目，

±400kV 参照±500kV 电压等级定额子目。

3．本章定额分为分项工期和总工期，分项工期是在连续施工条件下考虑，不包括提前施工情况，线路长度 10km 以上工程总工期是按基础、组塔、架线分项工期 30%交叉作业考虑（即总工期＝基础工程工期×70%＋组塔工程工期×70%＋架线附件及验收工期），线路长度 10km 以下、大跨越工程未考虑交叉作业。

4．定额按照不同线路长度对应的合理资源配置综合考虑。

5．基础工程工期是按不同地形地质条件下通常应用的基础类型正常施工所需的工期考虑。

6．平地、稻田、丘陵地形按以机械施工为主考虑基础工程工期，其他地形按以人力施工为主考虑基础工程工期。

7．110kV 以上电压等级线路按张力架设导地线方式考虑，架线长度 50km 以内按 1 套放线设备采取流水作业组织模式测算，后续每增加 30～50km 增加 1 套放线设备。

8．本章定额未考虑设备材料交货期推迟、走廊清理障碍、社会环境、特殊天气（沙尘暴、台风）等影响因素。

9．本章定额未考虑因停电跨越所需的协调、等待停电窗口的时间。

10．定额按照典型施工标段长度设置，线路长度规模介于定额标准情形之间时，可结合工程实际情况，采用直线内插、专家论证等方法估算工期，所估算工期值应介于所处的两档定额区间值范围内。

11．本章定额按线路（标段）长度与地形地质条件划分子目，各电压等级线路分不同长度、不同地形条件设置子目。当 1 个工程（标段）长度内同时存在若干种地形地质施工时，则应采用加权平均法计算建设项目的加权工期：

$$加权工期=P_1\%\times T_1+P_2\%\times T_2+\cdots+P_n\%\times T_n$$

式中：P_1，P_2，…，P_n 分别为各类工程特征（地形地质）的线路段长度占工程（标段）总长度的百分比；T_1，T_2，…，T_n 分别为按照工程（标段）总长度，各类工程特征（地形地质）对应的工期。

12. 若某线路工程包含多个标段，参照本工程中工期最长的标段工期，同时考虑项目整体管控、协调所需时间，综合确定该工程总工期。

13. 单独架线工程参照同等规模及工程特征的架线附件及验收分项工期。

14. 当工程与市政工程交叉时，按市政要求调整工期。

（四）定额调整说明

1. 高海拔地区的工程，工期应按相应的海拔乘以海拔调整系数 K（见表 2-1）。定额调整应在本章定额工期的基础上优先进行海拔系数调整。

注 各种地形地质的定义：

（1）平地：指地形比较平坦广阔，地面比较干燥的地带。

（2）丘陵：指陆地上起伏和缓、连绵不断的矮岗、土丘，水平距离 1km 以内地形起伏在 50m 以下的地带。

（3）山地：指一般山岭或沟谷等，水平距离 250m 以内，地形起伏在 50～150m 的地带。

（4）高山：指人力、牲畜攀登困难，水平距离 250m 以内，地形起伏在 150～250m 的地带。

（5）峻岭：指地势十分险峻，水平距离 250m 以内，地形起伏在 250m 以上的地带。

（6）泥沼：指经常积水的田地及泥水淤积的地带。

（7）河网：指河流频繁，河道纵横交叉成网，影响正常陆上交通的地带。

（8）沙漠：指地面完全被沙所覆盖、植被非常稀少、雨水稀少、空气干燥，在风的作用下地表是会变化和移动，昼夜温差大的荒芜地区。

（9）非硬岩石：指不需要风镐打凿或打眼爆破方法开挖的地质。

（10）坚硬岩石：指需要打眼爆破或部分风镐打凿方法开挖的岩类。

表 2-1 **海拔调整系数表**

海拔（m）	*K* 值
2200～2500	1.05
2500～3000	1.10
3000～3500	1.16
3500～4000	1.25
4000 以上	1.35

2．如工程施工需要跨越冬期、雨期连续施工时，按表 2-2 调整。

表 2-2 **冬期、雨期连续施工调整表**

地区类别	省、区、市名称	冬、雨期调整原则
Ⅰ	上海、江苏、浙江、安徽、江西、湖南、湖北、四川、云南、贵州、广东、重庆、广西、福建、海南	0.5 个月
Ⅱ	北京、天津、河北、山东、山西（朔州以南）、河南、陕西（延安以南）、甘肃（武威以东）	0.5 个月
Ⅲ	辽宁、吉林、宁夏、内蒙古（锡林郭勒市以南）、青海（Ⅳ类地区除外）、新疆、甘肃（武威及以西）、陕西（延安及以北）、山西（朔州及以北）	1.0 个月
Ⅳ	黑龙江、内蒙古（锡林郭勒市及以北）、青海（海西、玉树、果洛地区）	1.0 个月

注 1．冬期施工期：当室外日平均气温连续 5 天低于 5℃即进入冬期施工，当室外日平均气温连续 5 天高于 5℃即解除冬期施工，上述调整工期不包括冬歇停工时间。

2．雨期施工期：本章定额中Ⅰ类地区雨期为每年 4～9 月，Ⅱ类地区雨期为每年 6～9 月。

3．四川甘孜、阿坝、凉山州可按Ⅲ类地区执行；新疆北纬 45°以北地区可按Ⅳ类地区执行；西藏全域可按Ⅲ类地区执行。

3．线路施工跨越上一年度日最高气温超过 37℃的月份时，其总工期按照定额工期增加上一年度最高气温超过 37℃的天数。

4．同期架设的同塔（杆）双回以上线路，每增加 1 回同电压等级或低电压等级架线，总工期在双回路工期基础上，增加 0.2 倍的该等级单回线路定额总工期。

5．当线路的跨越档距之和（主要指跨越铁路、公路、电力线、河流、房屋、果园、经济作物）超过该段线路的 30%时，总工期增加 0.15 的调整系数，超过 50%时，总工期增加 0.2 的调整系数。

6．大跨越工程是指架空线路跨越通航较大江河、湖泊或海湾、海峡等，档距超过 1000m（亘长），或铁塔（支撑构筑物）其中一端高度在 100m 以上的工程或者导线选型或铁塔设计需特殊考虑且发生故障时严重影响航运、交通或修复特别困难的耐张段。若需在跨越塔内灌注混凝土，总工期增加 0.1 系数；若跨越档距（两基跨越塔之间的距离）超过 2500m，工期应根据施工组织方案另行确定。

7．本章定额工期是按在非居民区施工考虑，在居民区施工，总工期增加 0.2 的调整系数；临近带电线路长度占比超过 30%，总工期增加 0.2 的调整系数。

8．双回铁塔单边挂线工程，总工期在双回线路定额基础上乘以系数 0.95。

9．本章定额工期的调整次序为：海拔系数调整、其他系数调整、冬雨期调整、高温调整。

第一节　交流单回线路工程

一、35kV 交流单回线路工程

编号	项目名称	工程特征	单位	工期	备注
QW2-1	**35kV 线路 10km**	平地—土质	月	**4.5**	总工期
QW2-1-1	基础工程		日	57	
QW2-1-2	组塔工程		日	35	
QW2-1-3	架线附件及验收		日	40	
QW2-2	**35kV 线路 10km**	平地—石质	月	**5.0**	总工期
QW2-2-1	基础工程		日	68	
QW2-2-2	组塔工程		日	35	
QW2-2-3	架线附件及验收		日	40	
QW2-3	**35kV 线路 10km**	丘陵—土质	月	**5.0**	总工期
QW2-3-1	基础工程		日	72	
QW2-3-2	组塔工程		日	37	
QW2-3-3	架线附件及验收		日	40	

续表

编号	项目名称	工程特征	单位	工期	备注
QW2-4	**35kV 线路 10km**	丘陵—石质	**月**	**5.5**	**总工期**
QW2-4-1	基础工程		日	84	
QW2-4-2	组塔工程		日	37	
QW2-4-3	架线附件及验收		日	40	
QW2-5	**35kV 线路 10km**	泥沼	**月**	**5.0**	**总工期**
QW2-5-1	基础工程		日	74	
QW2-5-2	组塔工程		日	35	
QW2-5-3	架线附件及验收		日	40	
QW2-6	**35kV 线路 10km**	河网	**月**	**5.5**	**总工期**
QW2-6-1	基础工程		日	93	
QW2-6-2	组塔工程		日	35	
QW2-6-3	架线附件及验收		日	40	
QW2-7	**35kV 线路 10km**	沙漠	**月**	**4.5**	**总工期**
QW2-7-1	基础工程		日	62	
QW2-7-2	组塔工程		日	35	
QW2-7-3	架线附件及验收		日	40	

续表

编号	项目名称	工程特征	单位	工期	备注
QW2-8	**35kV 线路 10km**	山地— 非硬岩石	**月**	**6.0**	总工期
QW2-8-1	基础工程		日	97	
QW2-8-2	组塔工程		日	42	
QW2-8-3	架线附件及验收		日	46	
QW2-9	**35kV 线路 10km**	山地— 坚硬岩石	**月**	**6.5**	总工期
QW2-9-1	基础工程		日	108	
QW2-9-2	组塔工程		日	42	
QW2-9-3	架线附件及验收		日	46	
QW2-10	**35kV 线路 10km**	高山— 非硬岩石	**月**	**6.5**	总工期
QW2-10-1	基础工程		日	102	
QW2-10-2	组塔工程		日	44	
QW2-10-3	架线附件及验收		日	49	
QW2-11	**35kV 线路 10km**	高山— 坚硬岩石	**月**	**7.0**	总工期
QW2-11-1	基础工程		日	113	
QW2-11-2	组塔工程		日	44	
QW2-11-3	架线附件及验收		日	49	

续表

编号	项目名称	工程特征	单位	工期	备注
QW2-12	**35kV 线路 10km**	峻岭—非硬岩石	**月**	**7.0**	**总工期**
QW2-12-1	基础工程		日	107	
QW2-12-2	组塔工程		日	46	
QW2-12-3	架线附件及验收		日	51	
QW2-13	**35kV 线路 10km**	峻岭—坚硬岩石	**月**	**7.0**	**总工期**
QW2-13-1	基础工程		日	119	
QW2-13-2	组塔工程		日	46	
QW2-13-3	架线附件及验收		日	51	
QW2-14	**35kV 线路 30km**	平地—土质	**月**	**6.5**	**总工期**
QW2-14-1	基础工程		日	90	
QW2-14-2	组塔工程		日	65	
QW2-14-3	架线附件及验收		日	80	
QW2-15	**35kV 线路 30km**	平地—石质	**月**	**6.5**	**总工期**
QW2-15-1	基础工程		日	108	
QW2-15-2	组塔工程		日	65	
QW2-15-3	架线附件及验收		日	80	

续表

编号	项目名称	工程特征	单位	工期	备注
QW2-16	**35kV 线路 30km**	丘陵—土质	月	**7.0**	总工期
QW2-16-1	基础工程		日	102	
QW2-16-2	组塔工程		日	76	
QW2-16-3	架线附件及验收		日	80	
QW2-17	**35kV 线路 30km**	丘陵—石质	月	**7.5**	总工期
QW2-17-1	基础工程		日	126	
QW2-17-2	组塔工程		日	76	
QW2-17-3	架线附件及验收		日	80	
QW2-18	**35kV 线路 30km**	泥沼	月	**7.0**	总工期
QW2-18-1	基础工程		日	114	
QW2-18-2	组塔工程		日	65	
QW2-18-3	架线附件及验收		日	80	
QW2-19	**35kV 线路 30km**	河网	月	**7.5**	总工期
QW2-19-1	基础工程		日	144	
QW2-19-2	组塔工程		日	65	
QW2-19-3	架线附件及验收		日	80	

续表

编号	项目名称	工程特征	单位	工期	备注
QW2-20	**35kV 线路 30km**	沙漠	**月**	**6.5**	**总工期**
QW2-20-1	基础工程		日	98	
QW2-20-2	组塔工程		日	65	
QW2-20-3	架线附件及验收		日	80	
QW2-21	**35kV 线路 30km**	山地—非硬岩石	**月**	**9.0**	**总工期**
QW2-21-1	基础工程		日	159	
QW2-21-2	组塔工程		日	83	
QW2-21-3	架线附件及验收		日	101	
QW2-22	**35kV 线路 30km**	山地—坚硬岩石	**月**	**9.5**	**总工期**
QW2-22-1	基础工程		日	180	
QW2-22-2	组塔工程		日	83	
QW2-22-3	架线附件及验收		日	101	
QW2-23	**35kV 线路 30km**	高山—非硬岩石	**月**	**9.5**	**总工期**
QW2-23-1	基础工程		日	167	
QW2-23-2	组塔工程		日	87	
QW2-23-3	架线附件及验收		日	106	

续表

编号	项目名称	工程特征	单位	工期	备注
QW2-24	**35kV 线路 30km**	高山—坚硬岩石	**月**	**10.0**	总工期
QW2-24-1	基础工程		日	189	
QW2-24-2	组塔工程		日	87	
QW2-24-3	架线附件及验收		日	106	
QW2-25	**35kV 线路 30km**	峻岭—非硬岩石	**月**	**10.0**	总工期
QW2-25-1	基础工程		日	175	
QW2-25-2	组塔工程		日	92	
QW2-25-3	架线附件及验收		日	111	
QW2-26	**35kV 线路 30km**	峻岭—坚硬岩石	**月**	**10.5**	总工期
QW2-26-1	基础工程		日	199	
QW2-26-2	组塔工程		日	92	
QW2-26-3	架线附件及验收		日	111	
QW2-27	**35kV 线路 50km**	平地—土质	**月**	**8.0**	总工期
QW2-27-1	基础工程		日	108	
QW2-27-2	组塔工程		日	90	
QW2-27-3	架线附件及验收		日	96	

续表

编号	项目名称	工程特征	单位	工期	备注
QW2-28	**35kV 线路 50km**	平地—石质	**月**	**8.5**	**总工期**
QW2-28-1	基础工程		日	131	
QW2-28-2	组塔工程		日	90	
QW2-28-3	架线附件及验收		日	96	
QW2-29	**35kV 线路 50km**	丘陵—土质	**月**	**8.5**	**总工期**
QW2-29-1	基础工程		日	124	
QW2-29-2	组塔工程		日	109	
QW2-29-3	架线附件及验收		日	96	
QW2-30	**35kV 线路 50km**	丘陵—石质	**月**	**9.5**	**总工期**
QW2-30-1	基础工程		日	153	
QW2-30-2	组塔工程		日	109	
QW2-30-3	架线附件及验收		日	96	
QW2-31	**35kV 线路 50km**	泥沼	**月**	**8.5**	**总工期**
QW2-31-1	基础工程		日	131	
QW2-31-2	组塔工程		日	90	
QW2-31-3	架线附件及验收		日	96	

DE 2022

续表

编号	项目名称	工程特征	单位	工期	备注
QW2-32	**35kV 线路 50km**	河网	月	**9.5**	总工期
QW2-32-1	基础工程		日	174	
QW2-32-2	组塔工程		日	90	
QW2-32-3	架线附件及验收		日	96	
QW2-33	**35kV 线路 50km**	沙漠	月	**8.0**	总工期
QW2-33-1	基础工程		日	122	
QW2-33-2	组塔工程		日	90	
QW2-33-3	架线附件及验收		日	96	
QW2-34	**35kV 线路 50km**	山地—非硬岩石	月	**11.0**	总工期
QW2-34-1	基础工程		日	188	
QW2-34-2	组塔工程		日	116	
QW2-34-3	架线附件及验收		日	120	
QW2-35	**35kV 线路 50km**	山地—坚硬岩石	月	**12.0**	总工期
QW2-35-1	基础工程		日	218	
QW2-35-2	组塔工程		日	116	
QW2-35-3	架线附件及验收		日	120	

续表

编号	项目名称	工程特征	单位	工期	备注
QW2-36	**35kV 线路 50km**	高山—非硬岩石	**月**	**11.5**	**总工期**
QW2-36-1	基础工程		日	197	
QW2-36-2	组塔工程		日	122	
QW2-36-3	架线附件及验收		日	126	
QW2-37	**35kV 线路 50km**	高山—坚硬岩石	**月**	**12.5**	**总工期**
QW2-37-1	基础工程		日	229	
QW2-37-2	组塔工程		日	122	
QW2-37-3	架线附件及验收		日	126	
QW2-38	**35kV 线路 50km**	峻岭—非硬岩石	**月**	**12.0**	**总工期**
QW2-38-1	基础工程		日	207	
QW2-38-2	组塔工程		日	128	
QW2-38-3	架线附件及验收		日	132	
QW2-39	**35kV 线路 50km**	峻岭—坚硬岩石	**月**	**13.0**	**总工期**
QW2-39-1	基础工程		日	240	
QW2-39-2	组塔工程		日	128	
QW2-39-3	架线附件及验收		日	132	

二、110kV 交流单回线路工程

编号	项目名称	工程特征	单位	总工期	备注
QW2-40	**110kV 线路 10km**	平地—土质	**月**	**5.0**	总工期
QW2-40-1	基础工程		日	64	
QW2-40-2	组塔工程		日	38	
QW2-40-3	架线附件及验收		日	42	
QW2-41	**110kV 线路 10km**	平地—石质	**月**	**5.5**	总工期
QW2-41-1	基础工程		日	78	
QW2-41-2	组塔工程		日	38	
QW2-41-3	架线附件及验收		日	42	
QW2-42	**110kV 线路 10km**	丘陵—土质	**月**	**5.5**	总工期
QW2-42-1	基础工程		日	86	
QW2-42-2	组塔工程		日	43	
QW2-42-3	架线附件及验收		日	42	
QW2-43	**110kV 线路 10km**	丘陵—石质	**月**	**6.5**	总工期
QW2-43-1	基础工程		日	104	
QW2-43-2	组塔工程		日	43	
QW2-43-3	架线附件及验收		日	42	

续表

编号	项目名称	工程特征	单位	总工期	备注
QW2-44	**110kV 线路 10km**	泥沼	**月**	**5.5**	**总工期**
QW2-44-1	基础工程		日	88	
QW2-44-2	组塔工程		日	38	
QW2-44-3	架线附件及验收		日	42	
QW2-45	**110kV 线路 10km**	河网	**月**	**6.5**	**总工期**
QW2-45-1	基础工程		日	109	
QW2-45-2	组塔工程		日	38	
QW2-45-3	架线附件及验收		日	42	
QW2-46	**110kV 线路 10km**	沙漠	**月**	**5.5**	**总工期**
QW2-46-1	基础工程		日	78	
QW2-46-2	组塔工程		日	38	
QW2-46-3	架线附件及验收		日	42	
QW2-47	**110kV 线路 10km**	山地—非硬岩石	**月**	**6.5**	**总工期**
QW2-47-1	基础工程		日	107	
QW2-47-2	组塔工程		日	46	
QW2-47-3	架线附件及验收		日	48	

续表

编号	项目名称	工程特征	单位	总工期	备注
QW2-48	**110kV 线路 10km**	山地—坚硬岩石	月	**7.0**	总工期
QW2-48-1	基础工程		日	124	
QW2-48-2	组塔工程		日	46	
QW2-48-3	架线附件及验收		日	48	
QW2-49	**110kV 线路 10km**	高山—非硬岩石	月	**7.0**	总工期
QW2-49-1	基础工程		日	112	
QW2-49-2	组塔工程		日	48	
QW2-49-3	架线附件及验收		日	50	
QW2-50	**110kV 线路 10km**	高山—坚硬岩石	月	**7.5**	总工期
QW2-50-1	基础工程		日	130	
QW2-50-2	组塔工程		日	48	
QW2-50-3	架线附件及验收		日	50	
QW2-51	**110kV 线路 10km**	峻岭—非硬岩石	月	**7.5**	总工期
QW2-51-1	基础工程		日	118	
QW2-51-2	组塔工程		日	50	
QW2-51-3	架线附件及验收		日	53	

续表

编号	项目名称	工程特征	单位	总工期	备注
QW2-52	**110kV 线路 10km**	峻岭—坚硬岩石	**月**	**8.0**	**总工期**
QW2-52-1	基础工程		日	136	
QW2-52-2	组塔工程		日	50	
QW2-52-3	架线附件及验收		日	53	
QW2-53	**110kV 线路 30km**	平地—土质	**月**	**6.5**	**总工期**
QW2-53-1	基础工程		日	96	
QW2-53-2	组塔工程		日	66	
QW2-53-3	架线附件及验收		日	83	
QW2-54	**110kV 线路 30km**	平地—石质	**月**	**7.0**	**总工期**
QW2-54-1	基础工程		日	124	
QW2-54-2	组塔工程		日	66	
QW2-54-3	架线附件及验收		日	83	
QW2-55	**110kV 线路 30km**	丘陵—土质	**月**	**7.5**	**总工期**
QW2-55-1	基础工程		日	126	
QW2-55-2	组塔工程		日	81	
QW2-55-3	架线附件及验收		日	83	

续表

编号	项目名称	工程特征	单位	总工期	备注
QW2-56	**110kV 线路 30km**	丘陵—石质	**月**	**8.0**	**总工期**
QW2-56-1	基础工程		日	154	
QW2-56-2	组塔工程		日	81	
QW2-56-3	架线附件及验收		日	83	
QW2-57	**110kV 线路 30km**	泥沼	**月**	**7.5**	**总工期**
QW2-57-1	基础工程		日	132	
QW2-57-2	组塔工程		日	66	
QW2-57-3	架线附件及验收		日	83	
QW2-58	**110kV 线路 30km**	河网	**月**	**8.0**	**总工期**
QW2-58-1	基础工程		日	159	
QW2-58-2	组塔工程		日	66	
QW2-58-3	架线附件及验收		日	83	
QW2-59	**110kV 线路 30km**	沙漠	**月**	**7.0**	**总工期**
QW2-59-1	基础工程		日	113	
QW2-59-2	组塔工程		日	66	
QW2-59-3	架线附件及验收		日	83	

续表

编号	项目名称	工程特征	单位	总工期	备注
QW2-60	**110kV 线路 30km**	山地—非硬岩石	**月**	**9.0**	**总工期**
QW2-60-1	基础工程		日	159	
QW2-60-2	组塔工程		日	86	
QW2-60-3	架线附件及验收		日	102	
QW2-61	**110kV 线路 30km**	山地—坚硬岩石	**月**	**10.0**	**总工期**
QW2-61-1	基础工程		日	188	
QW2-61-2	组塔工程		日	86	
QW2-61-3	架线附件及验收		日	102	
QW2-62	**110kV 线路 30km**	高山—非硬岩石	**月**	**9.5**	**总工期**
QW2-62-1	基础工程		日	167	
QW2-62-2	组塔工程		日	90	
QW2-62-3	架线附件及验收		日	107	
QW2-63	**110kV 线路 30km**	高山—坚硬岩石	**月**	**10.5**	**总工期**
QW2-63-1	基础工程		日	197	
QW2-63-2	组塔工程		日	90	
QW2-63-3	架线附件及验收		日	107	

DE 2022

续表

编号	项目名称	工程特征	单位	总工期	备注
QW2-64	**110kV 线路 30km**	峻岭—非硬岩石	月	**10.0**	总工期
QW2-64-1	基础工程		日	175	
QW2-64-2	组塔工程		日	94	
QW2-64-3	架线附件及验收		日	112	
QW2-65	**110kV 线路 30km**	峻岭—坚硬岩石	月	**11.0**	总工期
QW2-65-1	基础工程		日	207	
QW2-65-2	组塔工程		日	94	
QW2-65-3	架线附件及验收		日	112	
QW2-66	**110kV 线路 50km**	平地—土质	月	**9.0**	总工期
QW2-66-1	基础工程		日	132	
QW2-66-2	组塔工程		日	93	
QW2-66-3	架线附件及验收		日	105	
QW2-67	**110kV 线路 50km**	平地—石质	月	**9.5**	总工期
QW2-67-1	基础工程		日	166	
QW2-67-2	组塔工程		日	93	
QW2-67-3	架线附件及验收		日	105	

续表

编号	项目名称	工程特征	单位	总工期	备注
QW2-68	**110kV 线路 50km**	丘陵—土质	月	**10.0**	总工期
QW2-68-1	基础工程		日	156	
QW2-68-2	组塔工程		日	113	
QW2-68-3	架线附件及验收		日	105	
QW2-69	**110kV 线路 50km**	丘陵—石质	月	**10.5**	总工期
QW2-69-1	基础工程		日	189	
QW2-69-2	组塔工程		日	113	
QW2-69-3	架线附件及验收		日	105	
QW2-70	**110kV 线路 50km**	泥沼	月	**9.5**	总工期
QW2-70-1	基础工程		日	161	
QW2-70-2	组塔工程		日	93	
QW2-70-3	架线附件及验收		日	105	
QW2-71	**110kV 线路 50km**	河网	月	**10.0**	总工期
QW2-71-1	基础工程		日	188	
QW2-71-2	组塔工程		日	93	
QW2-71-3	架线附件及验收		日	105	

续表

编号	项目名称	工程特征	单位	总工期	备注
QW2-72	**110kV 线路 50km**	沙漠	月	**9.5**	总工期
QW2-72-1	基础工程		日	156	
QW2-72-2	组塔工程		日	93	
QW2-72-3	架线附件及验收		日	105	
QW2-73	**110kV 线路 50km**	山地— 非硬岩石	月	**11.5**	总工期
QW2-73-1	基础工程		日	200	
QW2-73-2	组塔工程		日	120	
QW2-73-3	架线附件及验收		日	128	
QW2-74	**110kV 线路 50km**	山地— 坚硬岩石	月	**12.5**	总工期
QW2-74-1	基础工程		日	226	
QW2-74-2	组塔工程		日	120	
QW2-74-3	架线附件及验收		日	128	
QW2-75	**110kV 线路 50km**	高山— 非硬岩石	月	**12.5**	总工期
QW2-75-1	基础工程		日	210	
QW2-75-2	组塔工程		日	126	
QW2-75-3	架线附件及验收		日	134	

续表

编号	项目名称	工程特征	单位	总工期	备注
QW2-76	**110kV 线路 50km**	高山—坚硬岩石	**月**	**13.0**	**总工期**
QW2-76-1	基础工程		日	237	
QW2-76-2	组塔工程		日	126	
QW2-76-3	架线附件及验收		日	134	
QW2-77	**110kV 线路 50km**	峻岭—非硬岩石	**月**	**13.0**	**总工期**
QW2-77-1	基础工程		日	220	
QW2-77-2	组塔工程		日	132	
QW2-77-3	架线附件及验收		日	141	
QW2-78	**110kV 线路 50km**	峻岭—坚硬岩石	**月**	**13.5**	**总工期**
QW2-78-1	基础工程		日	249	
QW2-78-2	组塔工程		日	132	
QW2-78-3	架线附件及验收		日	141	
QW2-79	**110kV 线路 80km**	平地—土质	**月**	**9.5**	**总工期**
QW2-79-1	基础工程		日	142	
QW2-79-2	组塔工程		日	103	
QW2-79-3	架线附件及验收		日	115	

续表

编号	项目名称	工程特征	单位	总工期	备注
QW2-80	**110kV 线路 80km**	平地—石质	月	**10.5**	总工期
QW2-80-1	基础工程		日	176	
QW2-80-2	组塔工程		日	103	
QW2-80-3	架线附件及验收		日	115	
QW2-81	**110kV 线路 80km**	丘陵—土质	月	**10.5**	总工期
QW2-81-1	基础工程		日	166	
QW2-81-2	组塔工程		日	123	
QW2-81-3	架线附件及验收		日	115	
QW2-82	**110kV 线路 80km**	丘陵—石质	月	**11.5**	总工期
QW2-82-1	基础工程		日	199	
QW2-82-2	组塔工程		日	123	
QW2-82-3	架线附件及验收		日	115	
QW2-83	**110kV 线路 80km**	泥沼	月	**10.0**	总工期
QW2-83-1	基础工程		日	171	
QW2-83-2	组塔工程		日	103	
QW2-83-3	架线附件及验收		日	115	

续表

编号	项目名称	工程特征	单位	总工期	备注
QW2-84	**110kV 线路 80km**	河网	**月**	**11.0**	**总工期**
QW2-84-1	基础工程		日	198	
QW2-84-2	组塔工程		日	103	
QW2-84-3	架线附件及验收		日	115	
QW2-85	**110kV 线路 80km**	沙漠	**月**	**10.0**	**总工期**
QW2-85-1	基础工程		日	166	
QW2-85-2	组塔工程		日	103	
QW2-85-3	架线附件及验收		日	115	
QW2-86	**110kV 线路 80km**	山地—非硬岩石	**月**	**12.5**	**总工期**
QW2-86-1	基础工程		日	210	
QW2-86-2	组塔工程		日	130	
QW2-86-3	架线附件及验收		日	138	
QW2-87	**110kV 线路 80km**	山地—坚硬岩石	**月**	**13.0**	**总工期**
QW2-87-1	基础工程		日	236	
QW2-87-2	组塔工程		日	130	
QW2-87-3	架线附件及验收		日	138	

续表

编号	项目名称	工程特征	单位	总工期	备注
QW2-88	**110kV 线路 80km**	高山—非硬岩石	月	**13.0**	总工期
QW2-88-1	基础工程		日	220	
QW2-88-2	组塔工程		日	137	
QW2-88-3	架线附件及验收		日	144	
QW2-89	**110kV 线路 80km**	高山—坚硬岩石	月	**14.0**	总工期
QW2-89-1	基础工程		日	248	
QW2-89-2	组塔工程		日	137	
QW2-89-3	架线附件及验收		日	144	
QW2-90	**110kV 线路 80km**	峻岭—非硬岩石	月	**14.0**	总工期
QW2-90-1	基础工程		日	231	
QW2-90-2	组塔工程		日	143	
QW2-90-3	架线附件及验收		日	152	
QW2-91	**110kV 线路 80km**	峻岭—坚硬岩石	月	**14.5**	总工期
QW2-91-1	基础工程		日	260	
QW2-91-2	组塔工程		日	143	
QW2-91-3	架线附件及验收		日	152	

三、220kV 交流单回线路工程

编号	项目名称	工程特征	单位	工期	备注
QW2-92	**220kV 线路 10km**	平地—土质	**月**	**6.0**	总工期
QW2-92-1	基础工程		日	74	
QW2-92-2	组塔工程		日	62	
QW2-92-3	架线附件及验收		日	50	
QW2-93	**220kV 线路 10km**	平地—石质	**月**	**7.0**	总工期
QW2-93-1	基础工程		日	94	
QW2-93-2	组塔工程		日	62	
QW2-93-3	架线附件及验收		日	50	
QW2-94	**220kV 线路 10km**	丘陵—土质	**月**	**7.0**	总工期
QW2-94-1	基础工程		日	92	
QW2-94-2	组塔工程		日	71	
QW2-94-3	架线附件及验收		日	50	
QW2-95	**220kV 线路 10km**	丘陵—石质	**月**	**7.5**	总工期
QW2-95-1	基础工程		日	111	
QW2-95-2	组塔工程		日	71	
QW2-95-3	架线附件及验收		日	50	

续表

编号	项目名称	工程特征	单位	工期	备注
QW2-96	**220kV 线路 10km**	泥沼	月	**7.0**	总工期
QW2-96-1	基础工程		日	99	
QW2-96-2	组塔工程		日	62	
QW2-96-3	架线附件及验收		日	50	
QW2-97	**220kV 线路 10km**	河网	月	**8.0**	总工期
QW2-97-1	基础工程		日	121	
QW2-97-2	组塔工程		日	62	
QW2-97-3	架线附件及验收		日	50	
QW2-98	**220kV 线路 10km**	沙漠	月	**6.5**	总工期
QW2-98-1	基础工程		日	87	
QW2-98-2	组塔工程		日	62	
QW2-98-3	架线附件及验收		日	50	
QW2-99	**220kV 线路 10km**	山地—非硬岩石	月	**8.5**	总工期
QW2-99-1	基础工程		日	122	
QW2-99-2	组塔工程		日	75	
QW2-99-3	架线附件及验收		日	63	

续表

编号	项目名称	工程特征	单位	工期	备注
QW2-100	**220kV 线路 10km**	山地—坚硬岩石	**月**	**9.0**	**总工期**
QW2-100-1	基础工程		日	138	
QW2-100-2	组塔工程		日	75	
QW2-100-3	架线附件及验收		日	63	
QW2-101	**220kV 线路 10km**	高山—非硬岩石	**月**	**9.0**	**总工期**
QW2-101-1	基础工程		日	128	
QW2-101-2	组塔工程		日	78	
QW2-101-3	架线附件及验收		日	66	
QW2-102	**220kV 线路 10km**	高山—坚硬岩石	**月**	**9.5**	**总工期**
QW2-102-1	基础工程		日	145	
QW2-102-2	组塔工程		日	78	
QW2-102-3	架线附件及验收		日	66	
QW2-103	**220kV 线路 10km**	峻岭—非硬岩石	**月**	**9.5**	**总工期**
QW2-103-1	基础工程		日	134	
QW2-103-2	组塔工程		日	82	
QW2-103-3	架线附件及验收		日	69	

续表

编号	项目名称	工程特征	单位	工期	备注
QW2-104	**220kV 线路 10km**	峻岭—坚硬岩石	月	**10.0**	总工期
QW2-104-1	基础工程		日	152	
QW2-104-2	组塔工程		日	82	
QW2-104-3	架线附件及验收		日	69	
QW2-105	**220kV 线路 30km**	平地—土质	月	**7.5**	总工期
QW2-105-1	基础工程		日	105	
QW2-105-2	组塔工程		日	89	
QW2-105-3	架线附件及验收		日	84	
QW2-106	**220kV 线路 30km**	平地—石质	月	**8.0**	总工期
QW2-106-1	基础工程		日	135	
QW2-106-2	组塔工程		日	89	
QW2-106-3	架线附件及验收		日	84	
QW2-107	**220kV 线路 30km**	丘陵—土质	月	**8.0**	总工期
QW2-107-1	基础工程		日	131	
QW2-107-2	组塔工程		日	101	
QW2-107-3	架线附件及验收		日	84	

续表

编号	项目名称	工程特征	单位	工期	备注
QW2-108	**220kV 线路 30km**	丘陵—石质	**月**	**9.0**	**总工期**
QW2-108-1	基础工程		日	159	
QW2-108-2	组塔工程		日	101	
QW2-108-3	架线附件及验收		日	84	
QW2-109	**220kV 线路 30km**	泥沼	**月**	**8.0**	**总工期**
QW2-109-1	基础工程		日	141	
QW2-109-2	组塔工程		日	89	
QW2-109-3	架线附件及验收		日	84	
QW2-110	**220kV 线路 30km**	河网	**月**	**9.0**	**总工期**
QW2-110-1	基础工程		日	172	
QW2-110-2	组塔工程		日	89	
QW2-110-3	架线附件及验收		日	84	
QW2-111	**220kV 线路 30km**	沙漠	**月**	**8.0**	**总工期**
QW2-111-1	基础工程		日	124	
QW2-111-2	组塔工程		日	89	
QW2-111-3	架线附件及验收		日	84	

续表

编号	项目名称	工程特征	单位	工期	备注
QW2-112	**220kV 线路 30km**	山地— 非硬岩石	月	**10.0**	总工期
QW2-112-1	基础工程		日	174	
QW2-112-2	组塔工程		日	107	
QW2-112-3	架线附件及验收		日	105	
QW2-113	**220kV 线路 30km**	山地— 坚硬岩石	月	**10.5**	总工期
QW2-113-1	基础工程		日	197	
QW2-113-2	组塔工程		日	107	
QW2-113-3	架线附件及验收		日	105	
QW2-114	**220kV 线路 30km**	高山— 非硬岩石	月	**10.5**	总工期
QW2-114-1	基础工程		日	183	
QW2-114-2	组塔工程		日	112	
QW2-114-3	架线附件及验收		日	110	
QW2-115	**220kV 线路 30km**	高山— 坚硬岩石	月	**11.0**	总工期
QW2-115-1	基础工程		日	207	
QW2-115-2	组塔工程		日	112	
QW2-115-3	架线附件及验收		日	110	

续表

编号	项目名称	工程特征	单位	工期	备注
QW2-116	**220kV 线路 30km**	峻岭—非硬岩石	**月**	**11.0**	**总工期**
QW2-116-1	基础工程		日	192	
QW2-116-2	组塔工程		日	118	
QW2-116-3	架线附件及验收		日	116	
QW2-117	**220kV 线路 30km**	峻岭—坚硬岩石	**月**	**11.5**	**总工期**
QW2-117-1	基础工程		日	217	
QW2-117-2	组塔工程		日	118	
QW2-117-3	架线附件及验收		日	116	
QW2-118	**220kV 线路 50km**	平地—土质	**月**	**9.0**	**总工期**
QW2-118-1	基础工程		日	135	
QW2-118-2	组塔工程		日	104	
QW2-118-3	架线附件及验收		日	107	
QW2-119	**220kV 线路 50km**	平地—石质	**月**	**10.0**	**总工期**
QW2-119-1	基础工程		日	177	
QW2-119-2	组塔工程		日	104	
QW2-119-3	架线附件及验收		日	107	

续表

编号	项目名称	工程特征	单位	工期	备注
QW2-120	**220kV 线路 50km**	丘陵—土质	**月**	**10.0**	总工期
QW2-120-1	基础工程		日	159	
QW2-120-2	组塔工程		日	121	
QW2-120-3	架线附件及验收		日	107	
QW2-121	**220kV 线路 50km**	丘陵—石质	**月**	**11.0**	总工期
QW2-121-1	基础工程		日	193	
QW2-121-2	组塔工程		日	121	
QW2-121-3	架线附件及验收		日	107	
QW2-122	**220kV 线路 50km**	泥沼	**月**	**10.0**	总工期
QW2-122-1	基础工程		日	180	
QW2-122-2	组塔工程		日	104	
QW2-122-3	架线附件及验收		日	107	
QW2-123	**220kV 线路 50km**	河网	**月**	**11.0**	总工期
QW2-123-1	基础工程		日	205	
QW2-123-2	组塔工程		日	104	
QW2-123-3	架线附件及验收		日	107	

续表

编号	项目名称	工程特征	单位	工期	备注
QW2-124	**220kV 线路 50km**	沙漠	**月**	**10.0**	总工期
QW2-124-1	基础工程		日	164	
QW2-124-2	组塔工程		日	104	
QW2-124-3	架线附件及验收		日	107	
QW2-125	**220kV 线路 50km**	山地—非硬岩石	**月**	**12.0**	总工期
QW2-125-1	基础工程		日	201	
QW2-125-2	组塔工程		日	124	
QW2-125-3	架线附件及验收		日	129	
QW2-126	**220kV 线路 50km**	山地—坚硬岩石	**月**	**12.5**	总工期
QW2-126-1	基础工程		日	233	
QW2-126-2	组塔工程		日	124	
QW2-126-3	架线附件及验收		日	129	
QW2-127	**220kV 线路 50km**	高山—非硬岩石	**月**	**12.5**	总工期
QW2-127-1	基础工程		日	212	
QW2-127-2	组塔工程		日	130	
QW2-127-3	架线附件及验收		日	135	

DE 2022

续表

编号	项目名称	工程特征	单位	工期	备注
QW2-128	**220kV 线路 50km**	高山—坚硬岩石	月	**13.0**	总工期
QW2-128-1	基础工程		日	244	
QW2-128-2	组塔工程		日	130	
QW2-128-3	架线附件及验收		日	135	
QW2-129	**220kV 线路 50km**	峻岭—非硬岩石	月	**13.0**	总工期
QW2-129-1	基础工程		日	222	
QW2-129-2	组塔工程		日	136	
QW2-129-3	架线附件及验收		日	142	
QW2-130	**220kV 线路 50km**	峻岭—坚硬岩石	月	**14.0**	总工期
QW2-130-1	基础工程		日	256	
QW2-130-2	组塔工程		日	136	
QW2-130-3	架线附件及验收		日	142	
QW2-131	**220kV 线路 80km**	平地—土质	月	**10.0**	总工期
QW2-131-1	基础工程		日	149	
QW2-131-2	组塔工程		日	117	
QW2-131-3	架线附件及验收		日	119	

续表

编号	项目名称	工程特征	单位	工期	备注
QW2-132	**220kV 线路 80km**	平地—石质	**月**	**11.0**	**总工期**
QW2-132-1	基础工程		日	190	
QW2-132-2	组塔工程		日	117	
QW2-132-3	架线附件及验收		日	119	
QW2-133	**220kV 线路 80km**	丘陵—土质	**月**	**11.5**	**总工期**
QW2-133-1	基础工程		日	184	
QW2-133-2	组塔工程		日	135	
QW2-133-3	架线附件及验收		日	119	
QW2-134	**220kV 线路 80km**	丘陵—石质	**月**	**12.0**	**总工期**
QW2-134-1	基础工程		日	211	
QW2-134-2	组塔工程		日	135	
QW2-134-3	架线附件及验收		日	119	
QW2-135	**220kV 线路 80km**	泥沼	**月**	**11.5**	**总工期**
QW2-135-1	基础工程		日	201	
QW2-135-2	组塔工程		日	117	
QW2-135-3	架线附件及验收		日	119	

续表

编号	项目名称	工程特征	单位	工期	备注
QW2-136	**220kV 线路 80km**	河网	**月**	**12.0**	**总工期**
QW2-136-1	基础工程		日	230	
QW2-136-2	组塔工程		日	117	
QW2-136-3	架线附件及验收		日	119	
QW2-137	**220kV 线路 80km**	沙漠	**月**	**11.0**	**总工期**
QW2-137-1	基础工程		日	182	
QW2-137-2	组塔工程		日	117	
QW2-137-3	架线附件及验收		日	119	
QW2-138	**220kV 线路 80km**	山地— 非硬岩石	**月**	**13.0**	**总工期**
QW2-138-1	基础工程		日	221	
QW2-138-2	组塔工程		日	140	
QW2-138-3	架线附件及验收		日	144	
QW2-139	**220kV 线路 80km**	山地— 坚硬岩石	**月**	**14.0**	**总工期**
QW2-139-1	基础工程		日	256	
QW2-139-2	组塔工程		日	140	
QW2-139-3	架线附件及验收		日	144	

续表

编号	项目名称	工程特征	单位	工期	备注
QW2-140	**220kV 线路 80km**	高山—非硬岩石	**月**	**14.0**	**总工期**
QW2-140-1	基础工程		日	232	
QW2-140-2	组塔工程		日	147	
QW2-140-3	架线附件及验收		日	151	
QW2-141	**220kV 线路 80km**	高山—坚硬岩石	**月**	**14.5**	**总工期**
QW2-141-1	基础工程		日	269	
QW2-141-2	组塔工程		日	147	
QW2-141-3	架线附件及验收		日	151	
QW2-142	**220kV 线路 80km**	峻岭—非硬岩石	**月**	**14.5**	**总工期**
QW2-142-1	基础工程		日	244	
QW2-142-2	组塔工程		日	155	
QW2-142-3	架线附件及验收		日	159	
QW2-143	**220kV 线路 80km**	峻岭—坚硬岩石	**月**	**15.5**	**总工期**
QW2-143-1	基础工程		日	282	
QW2-143-2	组塔工程		日	155	
QW2-143-3	架线附件及验收		日	159	

四、330kV 交流单回线路工程

编号	项目名称	工程特征	单位	工期	备注
QW2-144	**330kV 线路 30km**	平地—土质	**月**	**7.5**	总工期
QW2-144-1	基础工程		日	110	
QW2-144-2	组塔工程		日	95	
QW2-144-3	架线附件及验收		日	86	
QW2-145	**330kV 线路 30km**	平地—石质	**月**	**8.5**	总工期
QW2-145-1	基础工程		日	138	
QW2-145-2	组塔工程		日	95	
QW2-145-3	架线附件及验收		日	86	
QW2-146	**330kV 线路 30km**	丘陵—土质	**月**	**8.5**	总工期
QW2-146-1	基础工程		日	135	
QW2-146-2	组塔工程		日	107	
QW2-146-3	架线附件及验收		日	86	
QW2-147	**330kV 线路 30km**	丘陵—石质	**月**	**9.0**	总工期
QW2-147-1	基础工程		日	165	
QW2-147-2	组塔工程		日	107	
QW2-147-3	架线附件及验收		日	86	

续表

编号	项目名称	工程特征	单位	工期	备注
QW2-148	**330kV 线路 30km**	泥沼	**月**	**9.0**	总工期
QW2-148-1	基础工程		日	160	
QW2-148-2	组塔工程		日	95	
QW2-148-3	架线附件及验收		日	86	
QW2-149	**330kV 线路 30km**	河网	**月**	**9.5**	总工期
QW2-149-1	基础工程		日	181	
QW2-149-2	组塔工程		日	95	
QW2-149-3	架线附件及验收		日	86	
QW2-150	**330kV 线路 30km**	沙漠	**月**	**8.0**	总工期
QW2-150-1	基础工程		日	133	
QW2-150-2	组塔工程		日	95	
QW2-150-3	架线附件及验收		日	86	
QW2-151	**330kV 线路 30km**	山地—非硬岩石	**月**	**11.0**	总工期
QW2-151-1	基础工程		日	182	
QW2-151-2	组塔工程		日	126	
QW2-151-3	架线附件及验收		日	111	

续表

编号	项目名称	工程特征	单位	工期	备注
QW2-152	**330kV 线路 30km**	山地—坚硬岩石	月	**11.5**	总工期
QW2-152-1	基础工程		日	202	
QW2-152-2	组塔工程		日	126	
QW2-152-3	架线附件及验收		日	111	
QW2-153	**330kV 线路 30km**	高山—非硬岩石	月	**11.5**	总工期
QW2-153-1	基础工程		日	191	
QW2-153-2	组塔工程		日	132	
QW2-153-3	架线附件及验收		日	116	
QW2-154	**330kV 线路 30km**	高山—坚硬岩石	月	**12.0**	总工期
QW2-154-1	基础工程		日	212	
QW2-154-2	组塔工程		日	132	
QW2-154-3	架线附件及验收		日	116	
QW2-155	**330kV 线路 30km**	峻岭—非硬岩石	月	**12.0**	总工期
QW2-155-1	基础工程		日	201	
QW2-155-2	组塔工程		日	138	
QW2-155-3	架线附件及验收		日	122	

续表

编号	项目名称	工程特征	单位	工期	备注
QW2-156	**330kV 线路 30km**	峻岭—坚硬岩石	**月**	**12.5**	**总工期**
QW2-156-1	基础工程		日	223	
QW2-156-2	组塔工程		日	138	
QW2-156-3	架线附件及验收		日	122	
QW2-157	**330kV 线路 60km**	平地—土质	**月**	**10.0**	**总工期**
QW2-157-1	基础工程		日	158	
QW2-157-2	组塔工程		日	114	
QW2-157-3	架线附件及验收		日	108	
QW2-158	**330kV 线路 60km**	平地—石质	**月**	**10.5**	**总工期**
QW2-158-1	基础工程		日	185	
QW2-158-2	组塔工程		日	114	
QW2-158-3	架线附件及验收		日	108	
QW2-159	**330kV 线路 60km**	丘陵—土质	**月**	**11.0**	**总工期**
QW2-159-1	基础工程		日	179	
QW2-159-2	组塔工程		日	133	
QW2-159-3	架线附件及验收		日	108	

DE 2022

续表

编号	项目名称	工程特征	单位	工期	备注
QW2-160	**330kV 线路 60km**	丘陵—石质	**月**	**12.0**	总工期
QW2-160-1	基础工程		日	221	
QW2-160-2	组塔工程		日	133	
QW2-160-3	架线附件及验收		日	108	
QW2-161	**330kV 线路 60km**	泥沼	**月**	**11.0**	总工期
QW2-161-1	基础工程		日	198	
QW2-161-2	组塔工程		日	114	
QW2-161-3	架线附件及验收		日	108	
QW2-162	**330kV 线路 60km**	河网	**月**	**11.5**	总工期
QW2-162-1	基础工程		日	227	
QW2-162-2	组塔工程		日	114	
QW2-162-3	架线附件及验收		日	108	
QW2-163	**330kV 线路 60km**	沙漠	**月**	**10.5**	总工期
QW2-163-1	基础工程		日	186	
QW2-163-2	组塔工程		日	114	
QW2-163-3	架线附件及验收		日	108	

续表

编号	项目名称	工程特征	单位	工期	备注
QW2-164	**330kV 线路 60km**	山地—非硬岩石	**月**	**13.5**	**总工期**
QW2-164-1	基础工程		日	215	
QW2-164-2	组塔工程		日	156	
QW2-164-3	架线附件及验收		日	142	
QW2-165	**330kV 线路 60km**	山地—坚硬岩石	**月**	**14.0**	**总工期**
QW2-165-1	基础工程		日	241	
QW2-165-2	组塔工程		日	156	
QW2-165-3	架线附件及验收		日	142	
QW2-166	**330kV 线路 60km**	高山—非硬岩石	**月**	**14.0**	**总工期**
QW2-166-1	基础工程		日	226	
QW2-166-2	组塔工程		日	164	
QW2-166-3	架线附件及验收		日	149	
QW2-167	**330kV 线路 60km**	高山—坚硬岩石	**月**	**14.5**	**总工期**
QW2-167-1	基础工程		日	253	
QW2-167-2	组塔工程		日	164	
QW2-167-3	架线附件及验收		日	149	

续表

编号	项目名称	工程特征	单位	工期	备注
QW2-168	**330kV 线路 60km**	峻岭—非硬岩石	**月**	**15.0**	**总工期**
QW2-168-1	基础工程		日	237	
QW2-168-2	组塔工程		日	172	
QW2-168-3	架线附件及验收		日	157	
QW2-169	**330kV 线路 60km**	峻岭—坚硬岩石	**月**	**15.5**	**总工期**
QW2-169-1	基础工程		日	266	
QW2-169-2	组塔工程		日	172	
QW2-169-3	架线附件及验收		日	157	
QW2-170	**330kV 线路 90km**	平地—土质	**月**	**12.0**	**总工期**
QW2-170-1	基础工程		日	204	
QW2-170-2	组塔工程		日	133	
QW2-170-3	架线附件及验收		日	126	
QW2-171	**330kV 线路 90km**	平地—石质	**月**	**12.5**	**总工期**
QW2-171-1	基础工程		日	233	
QW2-171-2	组塔工程		日	133	
QW2-171-3	架线附件及验收		日	126	

续表

编号	项目名称	工程特征	单位	工期	备注
QW2-172	**330kV 线路 90km**	丘陵—土质	**月**	**13.0**	**总工期**
QW2-172-1	基础工程		日	231	
QW2-172-2	组塔工程		日	148	
QW2-172-3	架线附件及验收		日	126	
QW2-173	**330kV 线路 90km**	丘陵—石质	**月**	**14.0**	**总工期**
QW2-173-1	基础工程		日	269	
QW2-173-2	组塔工程		日	148	
QW2-173-3	架线附件及验收		日	126	
QW2-174	**330kV 线路 90km**	泥沼	**月**	**13.0**	**总工期**
QW2-174-1	基础工程		日	238	
QW2-174-2	组塔工程		日	133	
QW2-174-3	架线附件及验收		日	126	
QW2-175	**330kV 线路 90km**	河网	**月**	**14.0**	**总工期**
QW2-175-1	基础工程		日	286	
QW2-175-2	组塔工程		日	133	
QW2-175-3	架线附件及验收		日	126	

续表

编号	项目名称	工程特征	单位	工期	备注
QW2-176	**330kV 线路 90km**	沙漠	月	**13.0**	总工期
QW2-176-1	基础工程		日	240	
QW2-176-2	组塔工程		日	133	
QW2-176-3	架线附件及验收		日	126	
QW2-177	**330kV 线路 90km**	山地—非硬岩石	月	**16.5**	总工期
QW2-177-1	基础工程		日	292	
QW2-177-2	组塔工程		日	171	
QW2-177-3	架线附件及验收		日	163	
QW2-178	**330kV 线路 90km**	山地—坚硬岩石	月	**17.0**	总工期
QW2-178-1	基础工程		日	329	
QW2-178-2	组塔工程		日	171	
QW2-178-3	架线附件及验收		日	163	
QW2-179	**330kV 线路 90km**	高山—非硬岩石	月	**17.0**	总工期
QW2-179-1	基础工程		日	307	

续表

编号	项目名称	工程特征	单位	工期	备注
QW2-179-2	组塔工程	高山—非硬岩石	日	180	
QW2-179-3	架线附件及验收		日	171	
QW2-180	**330kV 线路 90km**	高山—坚硬岩石	**月**	**18.0**	**总工期**
QW2-180-1	基础工程		日	345	
QW2-180-2	组塔工程		日	180	
QW2-180-3	架线附件及验收		日	171	
QW2-181	**330kV 线路 90km**	峻岭—非硬岩石	**月**	**18.0**	**总工期**
QW2-181-1	基础工程		日	322	
QW2-181-2	组塔工程		日	189	
QW2-181-3	架线附件及验收		日	180	
QW2-182	**330kV 线路 90km**	峻岭—坚硬岩石	**月**	**19.0**	**总工期**
QW2-182-1	基础工程		日	362	
QW2-182-2	组塔工程		日	189	
QW2-182-3	架线附件及验收		日	180	

五、500kV 交流单回线路工程

编号	项目名称	工程特征	单位	工期	备注
QW2-183	**500kV 线路 30km**	平地—土质	**月**	**9.0**	总工期
QW2-183-1	基础工程		日	136	
QW2-183-2	组塔工程		日	112	
QW2-183-3	架线附件及验收		日	91	
QW2-184	**500kV 线路 30km**	平地—石质	**月**	**9.5**	总工期
QW2-184-1	基础工程		日	173	
QW2-184-2	组塔工程		日	112	
QW2-184-3	架线附件及验收		日	91	
QW2-185	**500kV 线路 30km**	丘陵—土质	**月**	**9.5**	总工期
QW2-185-1	基础工程		日	158	
QW2-185-2	组塔工程		日	128	
QW2-185-3	架线附件及验收		日	91	
QW2-186	**500kV 线路 30km**	丘陵—石质	**月**	**10.5**	总工期
QW2-186-1	基础工程		日	198	
QW2-186-2	组塔工程		日	128	
QW2-186-3	架线附件及验收		日	91	

续表

编号	项目名称	工程特征	单位	工期	备注
QW2-187	**500kV 线路 30km**	泥沼	**月**	**9.5**	**总工期**
QW2-187-1	基础工程		日	168	
QW2-187-2	组塔工程		日	112	
QW2-187-3	架线附件及验收		日	91	
QW2-188	**500kV 线路 30km**	河网	**月**	**10.5**	**总工期**
QW2-188-1	基础工程		日	214	
QW2-188-2	组塔工程		日	112	
QW2-188-3	架线附件及验收		日	91	
QW2-189	**500kV 线路 30km**	沙漠	**月**	**9.5**	**总工期**
QW2-189-1	基础工程		日	167	
QW2-189-2	组塔工程		日	112	
QW2-189-3	架线附件及验收		日	91	
QW2-190	**500kV 线路 30km**	山地—非硬岩石	**月**	**12.5**	**总工期**
QW2-190-1	基础工程		日	224	
QW2-190-2	组塔工程		日	141	
QW2-190-3	架线附件及验收		日	121	

DE 2022

续表

编号	项目名称	工程特征	单位	工期	备注
QW2-191	**500kV 线路 30km**	山地—坚硬岩石	月	**13.0**	总工期
QW2-191-1	基础工程		日	244	
QW2-191-2	组塔工程		日	141	
QW2-191-3	架线附件及验收		日	121	
QW2-192	**500kV 线路 30km**	高山—非硬岩石	月	**13.0**	总工期
QW2-192-1	基础工程		日	235	
QW2-192-2	组塔工程		日	148	
QW2-192-3	架线附件及验收		日	127	
QW2-193	**500kV 线路 30km**	高山—坚硬岩石	月	**13.5**	总工期
QW2-193-1	基础工程		日	257	
QW2-193-2	组塔工程		日	148	
QW2-193-3	架线附件及验收		日	127	
QW2-194	**500kV 线路 30km**	峻岭—非硬岩石	月	**14.0**	总工期
QW2-194-1	基础工程		日	247	
QW2-194-2	组塔工程		日	156	
QW2-194-3	架线附件及验收		日	133	

续表

编号	项目名称	工程特征	单位	工期	备注
QW2-195	**500kV 线路 30km**	峻岭—坚硬岩石	**月**	**14.5**	总工期
QW2-195-1	基础工程		日	269	
QW2-195-2	组塔工程		日	156	
QW2-195-3	架线附件及验收		日	133	
QW2-196	**500kV 线路 60km**	平地—土质	**月**	**11.0**	总工期
QW2-196-1	基础工程		日	170	
QW2-196-2	组塔工程		日	142	
QW2-196-3	架线附件及验收		日	111	
QW2-197	**500kV 线路 60km**	平地—石质	**月**	**12.0**	总工期
QW2-197-1	基础工程		日	212	
QW2-197-2	组塔工程		日	142	
QW2-197-3	架线附件及验收		日	111	
QW2-198	**500kV 线路 60km**	丘陵—土质	**月**	**12.0**	总工期
QW2-198-1	基础工程		日	202	
QW2-198-2	组塔工程		日	160	
QW2-198-3	架线附件及验收		日	111	

续表

编号	项目名称	工程特征	单位	工期	备注
QW2-199	**500kV 线路 60km**	丘陵—石质	月	**13.0**	总工期
QW2-199-1	基础工程		日	239	
QW2-199-2	组塔工程		日	160	
QW2-199-3	架线附件及验收		日	111	
QW2-200	**500kV 线路 60km**	泥沼	月	**12.5**	总工期
QW2-200-1	基础工程		日	229	
QW2-200-2	组塔工程		日	142	
QW2-200-3	架线附件及验收		日	111	
QW2-201	**500kV 线路 60km**	河网	月	**13.0**	总工期
QW2-201-1	基础工程		日	264	
QW2-201-2	组塔工程		日	142	
QW2-201-3	架线附件及验收		日	111	
QW2-202	**500kV 线路 60km**	沙漠	月	**11.5**	总工期
QW2-202-1	基础工程		日	198	
QW2-202-2	组塔工程		日	142	
QW2-202-3	架线附件及验收		日	111	

续表

编号	项目名称	工程特征	单位	工期	备注
QW2-203	**500kV 线路 60km**	山地—非硬岩石	**月**	**15.5**	总工期
QW2-203-1	基础工程		日	264	
QW2-203-2	组塔工程		日	186	
QW2-203-3	架线附件及验收		日	150	
QW2-204	**500kV 线路 60km**	山地—坚硬岩石	**月**	**16.0**	总工期
QW2-204-1	基础工程		日	291	
QW2-204-2	组塔工程		日	186	
QW2-204-3	架线附件及验收		日	150	
QW2-205	**500kV 线路 60km**	高山—非硬岩石	**月**	**16.5**	总工期
QW2-205-1	基础工程		日	277	
QW2-205-2	组塔工程		日	195	
QW2-205-3	架线附件及验收		日	158	
QW2-206	**500kV 线路 60km**	高山—坚硬岩石	**月**	**17.0**	总工期
QW2-206-1	基础工程		日	305	
QW2-206-2	组塔工程		日	195	
QW2-206-3	架线附件及验收		日	158	

续表

编号	项目名称	工程特征	单位	工期	备注
QW2-207	**500kV 线路 60km**	峻岭—非硬岩石	月	**17.0**	总工期
QW2-207-1	基础工程		日	291	
QW2-207-2	组塔工程		日	205	
QW2-207-3	架线附件及验收		日	166	
QW2-208	**500kV 线路 60km**	峻岭—坚硬岩石	月	**18.0**	总工期
QW2-208-1	基础工程		日	320	
QW2-208-2	组塔工程		日	205	
QW2-208-3	架线附件及验收		日	166	
QW2-209	**500kV 线路 90km**	平地—土质	月	**13.0**	总工期
QW2-209-1	基础工程		日	213	
QW2-209-2	组塔工程		日	154	
QW2-209-3	架线附件及验收		日	130	
QW2-210	**500kV 线路 90km**	平地—石质	月	**13.5**	总工期
QW2-210-1	基础工程		日	247	
QW2-210-2	组塔工程		日	154	
QW2-210-3	架线附件及验收		日	130	

续表

编号	项目名称	工程特征	单位	工期	备注
QW2-211	**500kV 线路 90km**	丘陵—土质	**月**	**14.0**	**总工期**
QW2-211-1	基础工程		日	239	
QW2-211-2	组塔工程		日	177	
QW2-211-3	架线附件及验收		日	130	
QW2-212	**500kV 线路 90km**	丘陵—石质	**月**	**15.0**	**总工期**
QW2-212-1	基础工程		日	280	
QW2-212-2	组塔工程		日	177	
QW2-212-3	架线附件及验收		日	130	
QW2-213	**500kV 线路 90km**	泥沼	**月**	**14.5**	**总工期**
QW2-213-1	基础工程		日	275	
QW2-213-2	组塔工程		日	154	
QW2-213-3	架线附件及验收		日	130	
QW2-214	**500kV 线路 90km**	河网	**月**	**15.0**	**总工期**
QW2-214-1	基础工程		日	307	
QW2-214-2	组塔工程		日	154	
QW2-214-3	架线附件及验收		日	130	

续表

编号	项目名称	工程特征	单位	工期	备注
QW2-215	**500kV 线路 90km**	沙漠	**月**	**13.5**	**总工期**
QW2-215-1	基础工程		日	246	
QW2-215-2	组塔工程		日	154	
QW2-215-3	架线附件及验收		日	130	
QW2-216	**500kV 线路 90km**	山地—非硬岩石	**月**	**18.5**	**总工期**
QW2-216-1	基础工程		日	331	
QW2-216-2	组塔工程		日	208	
QW2-216-3	架线附件及验收		日	175	
QW2-217	**500kV 线路 90km**	山地—坚硬岩石	**月**	**19.0**	**总工期**
QW2-217-1	基础工程		日	365	
QW2-217-2	组塔工程		日	208	
QW2-217-3	架线附件及验收		日	175	
QW2-218	**500kV 线路 90km**	高山—非硬岩石	**月**	**19.5**	**总工期**
QW2-218-1	基础工程		日	347	

续表

编号	项目名称	工程特征	单位	工期	备注
QW2-218-2	组塔工程	高山—非硬岩石	日	218	
QW2-218-3	架线附件及验收		日	184	
QW2-219	**500kV 线路 90km**		**月**	**20.0**	总工期
QW2-219-1	基础工程	高山—坚硬岩石	日	383	
QW2-219-2	组塔工程		日	218	
QW2-219-3	架线附件及验收		日	184	
QW2-220	**500kV 线路 90km**		**月**	**20.5**	总工期
QW2-220-1	基础工程	峻岭—非硬岩石	日	365	
QW2-220-2	组塔工程		日	229	
QW2-220-3	架线附件及验收		日	193	
QW2-221	**500kV 线路 90km**		**月**	**21.0**	总工期
QW2-221-1	基础工程	峻岭—坚硬岩石	日	402	
QW2-221-2	组塔工程		日	229	
QW2-221-3	架线附件及验收		日	193	

DE 2022

六、750kV 交流单回线路工程

编号	项目名称	工程特征	单位	工期	备注
QW2-222	**750kV 线路 60km**	平地—土质	月	**12.0**	总工期
QW2-222-1	基础工程		日	193	
QW2-222-2	组塔工程		日	145	
QW2-222-3	架线附件及验收		日	117	
QW2-223	**750kV 线路 60km**	平地—石质	月	**13.0**	总工期
QW2-223-1	基础工程		日	237	
QW2-223-2	组塔工程		日	145	
QW2-223-3	架线附件及验收		日	117	
QW2-224	**750kV 线路 60km**	丘陵—土质	月	**13.0**	总工期
QW2-224-1	基础工程		日	231	
QW2-224-2	组塔工程		日	166	
QW2-224-3	架线附件及验收		日	117	
QW2-225	**750kV 线路 60km**	丘陵—石质	月	**14.0**	总工期
QW2-225-1	基础工程		日	263	
QW2-225-2	组塔工程		日	166	
QW2-225-3	架线附件及验收		日	117	

续表

编号	项目名称	工程特征	单位	工期	备注
QW2-226	**750kV 线路 60km**	泥沼	**月**	**13.5**	**总工期**
QW2-226-1	基础工程		日	259	
QW2-226-2	组塔工程		日	145	
QW2-226-3	架线附件及验收		日	117	
QW2-227	**750kV 线路 60km**	河网	**月**	**14.0**	**总工期**
QW2-227-1	基础工程		日	290	
QW2-227-2	组塔工程		日	145	
QW2-227-3	架线附件及验收		日	117	
QW2-228	**750kV 线路 60km**	沙漠	**月**	**12.5**	**总工期**
QW2-228-1	基础工程		日	230	
QW2-228-2	组塔工程		日	145	
QW2-228-3	架线附件及验收		日	117	
QW2-229	**750kV 线路 60km**	山地—非硬岩石	**月**	**16.5**	**总工期**
QW2-229-1	基础工程		日	300	
QW2-229-2	组塔工程		日	193	
QW2-229-3	架线附件及验收		日	158	

续表

编号	项目名称	工程特征	单位	工期	备注
QW2-230	**750kV 线路 60km**	山地—坚硬岩石	月	**18.0**	总工期
QW2-230-1	基础工程		日	343	
QW2-230-2	组塔工程		日	193	
QW2-230-3	架线附件及验收		日	158	
QW2-231	**750kV 线路 60km**	高山—非硬岩石	月	**17.5**	总工期
QW2-231-1	基础工程		日	315	
QW2-231-2	组塔工程		日	202	
QW2-231-3	架线附件及验收		日	165	
QW2-232	**750kV 线路 60km**	高山—坚硬岩石	月	**18.5**	总工期
QW2-232-1	基础工程		日	361	
QW2-232-2	组塔工程		日	202	
QW2-232-3	架线附件及验收		日	165	
QW2-233	**750kV 线路 60km**	峻岭—非硬岩石	月	**18.5**	总工期
QW2-233-1	基础工程		日	331	
QW2-233-2	组塔工程		日	212	
QW2-233-3	架线附件及验收		日	174	

续表

编号	项目名称	工程特征	单位	工期	备注
QW2-234	**750kV 线路 60km**	峻岭—坚硬岩石	**月**	**19.5**	**总工期**
QW2-234-1	基础工程		日	379	
QW2-234-2	组塔工程		日	212	
QW2-234-3	架线附件及验收		日	174	
QW2-235	**750kV 线路 90km**	平地—土质	**月**	**14.0**	**总工期**
QW2-235-1	基础工程		日	237	
QW2-235-2	组塔工程		日	166	
QW2-235-3	架线附件及验收		日	142	
QW2-236	**750kV 线路 90km**	平地—石质	**月**	**15.0**	**总工期**
QW2-236-1	基础工程		日	273	
QW2-236-2	组塔工程		日	166	
QW2-236-3	架线附件及验收		日	142	
QW2-237	**750kV 线路 90km**	丘陵—土质	**月**	**16.0**	**总工期**
QW2-237-1	基础工程		日	288	
QW2-237-2	组塔工程		日	188	
QW2-237-3	架线附件及验收		日	142	

续表

编号	项目名称	工程特征	单位	工期	备注
QW2-238	**750kV 线路 90km**	丘陵—石质	月	**16.5**	总工期
QW2-238-1	基础工程		日	327	
QW2-238-2	组塔工程		日	188	
QW2-238-3	架线附件及验收		日	142	
QW2-239	**750kV 线路 90km**	泥沼	月	**15.5**	总工期
QW2-239-1	基础工程		日	297	
QW2-239-2	组塔工程		日	166	
QW2-239-3	架线附件及验收		日	142	
QW2-240	**750kV 线路 90km**	河网	月	**16.5**	总工期
QW2-240-1	基础工程		日	348	
QW2-240-2	组塔工程		日	166	
QW2-240-3	架线附件及验收		日	142	
QW2-241	**750kV 线路 90km**	沙漠	月	**15.0**	总工期
QW2-241-1	基础工程		日	280	
QW2-241-2	组塔工程		日	166	
QW2-241-3	架线附件及验收		日	142	

续表

编号	项目名称	工程特征	单位	工期	备注
QW2-242	**750kV 线路 90km**	山地—非硬岩石	**月**	**19.5**	**总工期**
QW2-242-1	基础工程		日	345	
QW2-242-2	组塔工程		日	227	
QW2-242-3	架线附件及验收		日	183	
QW2-243	**750kV 线路 90km**	山地—坚硬岩石	**月**	**21.0**	**总工期**
QW2-243-1	基础工程		日	405	
QW2-243-2	组塔工程		日	227	
QW2-243-3	架线附件及验收		日	183	
QW2-244	**750kV 线路 90km**	高山—非硬岩石	**月**	**20.5**	**总工期**
QW2-244-1	基础工程		日	362	
QW2-244-2	组塔工程		日	239	
QW2-244-3	架线附件及验收		日	192	
QW2-245	**750kV 线路 90km**	高山—坚硬岩石	**月**	**22.0**	**总工期**
QW2-245-1	基础工程		日	425	
QW2-245-2	组塔工程		日	239	
QW2-245-3	架线附件及验收		日	192	

续表

编号	项目名称	工程特征	单位	工期	备注
QW2-246	**750kV 线路 90km**	峻岭—非硬岩石	**月**	**21.5**	**总工期**
QW2-246-1	基础工程		日	380	
QW2-246-2	组塔工程		日	251	
QW2-246-3	架线附件及验收		日	201	
QW2-247	**750kV 线路 90km**	峻岭—坚硬岩石	**月**	**23.0**	**总工期**
QW2-247-1	基础工程		日	447	
QW2-247-2	组塔工程		日	251	
QW2-247-3	架线附件及验收		日	201	
QW2-248	**750kV 线路 120km**	平地—土质	**月**	**16.5**	**总工期**
QW2-248-1	基础工程		日	282	
QW2-248-2	组塔工程		日	212	
QW2-248-3	架线附件及验收		日	147	
QW2-249	**750kV 线路 120km**	平地—石质	**月**	**17.5**	**总工期**
QW2-249-1	基础工程		日	336	
QW2-249-2	组塔工程		日	212	
QW2-249-3	架线附件及验收		日	147	

续表

编号	项目名称	工程特征	单位	工期	备注
QW2-250	**750kV 线路 120km**	丘陵—土质	**月**	**18.0**	**总工期**
QW2-250-1	基础工程		日	324	
QW2-250-2	组塔工程		日	237	
QW2-250-3	架线附件及验收		日	147	
QW2-251	**750kV 线路 120km**	丘陵—石质	**月**	**19.0**	**总工期**
QW2-251-1	基础工程		日	367	
QW2-251-2	组塔工程		日	237	
QW2-251-3	架线附件及验收		日	147	
QW2-252	**750kV 线路 120km**	泥沼	**月**	**18.5**	**总工期**
QW2-252-1	基础工程		日	372	
QW2-252-2	组塔工程		日	212	
QW2-252-3	架线附件及验收		日	147	
QW2-253	**750kV 线路 120km**	河网	**月**	**19.5**	**总工期**
QW2-253-1	基础工程		日	406	
QW2-253-2	组塔工程		日	212	
QW2-253-3	架线附件及验收		日	147	

续表

编号	项目名称	工程特征	单位	工期	备注
QW2-254	**750kV 线路 120km**	沙漠	月	**17.0**	总工期
QW2-254-1	基础工程		日	303	
QW2-254-2	组塔工程		日	212	
QW2-254-3	架线附件及验收		日	147	
QW2-255	**750kV 线路 120km**	山地—非硬岩石	月	**22.0**	总工期
QW2-255-1	基础工程		日	384	
QW2-255-2	组塔工程		日	285	
QW2-255-3	架线附件及验收		日	188	
QW2-256	**750kV 线路 120km**	山地—坚硬岩石	月	**24.0**	总工期
QW2-256-1	基础工程		日	480	
QW2-256-2	组塔工程		日	285	
QW2-256-3	架线附件及验收		日	188	
QW2-257	**750kV 线路 120km**	高山—非硬岩石	月	**23.0**	总工期
QW2-257-1	基础工程		日	403	

续表

编号	项目名称	工程特征	单位	工期	备注
QW2-257-2	组塔工程	高山—非硬岩石	日	299	
QW2-257-3	架线附件及验收		日	197	
QW2-258	**750kV 线路 120km**	高山—坚硬岩石	**月**	**25.5**	总工期
QW2-258-1	基础工程		日	504	
QW2-258-2	组塔工程		日	299	
QW2-258-3	架线附件及验收		日	197	
QW2-259	**750kV 线路 120km**	峻岭—非硬岩石	**月**	**24.0**	总工期
QW2-259-1	基础工程		日	424	
QW2-259-2	组塔工程		日	314	
QW2-259-3	架线附件及验收		日	207	
QW2-260	**750kV 线路 120km**	峻岭—坚硬岩石	**月**	**26.5**	总工期
QW2-260-1	基础工程		日	529	
QW2-260-2	组塔工程		日	314	
QW2-260-3	架线附件及验收		日	207	

七、1000kV 交流单回线路工程

编号	项目名称	工程特征	单位	工期	备注
QW2-261	**1000kV 线路 30km**	平地—土质	月	**12.0**	总工期
QW2-261-1	基础工程		日	184	
QW2-261-2	组塔工程		日	139	
QW2-261-3	架线附件及验收		日	139	
QW2-262	**1000kV 线路 30km**	平地—石质	月	**13.0**	总工期
QW2-262-1	基础工程		日	224	
QW2-262-2	组塔工程		日	139	
QW2-262-3	架线附件及验收		日	139	
QW2-263	**1000kV 线路 30km**	丘陵—土质	月	**14.0**	总工期
QW2-263-1	基础工程		日	221	
QW2-263-2	组塔工程		日	186	
QW2-263-3	架线附件及验收		日	139	
QW2-264	**1000kV 线路 30km**	丘陵—石质	月	**15.0**	总工期
QW2-264-1	基础工程		日	263	
QW2-264-2	组塔工程		日	186	
QW2-264-3	架线附件及验收		日	139	

续表

编号	项目名称	工程特征	单位	工期	备注
QW2-265	**1000kV 线路 30km**	泥沼	**月**	**13.5**	**总工期**
QW2-265-1	基础工程		日	248	
QW2-265-2	组塔工程		日	139	
QW2-265-3	架线附件及验收		日	139	
QW2-266	**1000kV 线路 30km**	河网	**月**	**14.5**	**总工期**
QW2-266-1	基础工程		日	279	
QW2-266-2	组塔工程		日	139	
QW2-266-3	架线附件及验收		日	139	
QW2-267	**1000kV 线路 30km**	沙漠	**月**	**13.0**	**总工期**
QW2-267-1	基础工程		日	219	
QW2-267-2	组塔工程		日	139	
QW2-267-3	架线附件及验收		日	139	
QW2-268	**1000kV 线路 30km**	山地—非硬岩石	**月**	**17.0**	**总工期**
QW2-268-1	基础工程		日	286	
QW2-268-2	组塔工程		日	195	
QW2-268-3	架线附件及验收		日	177	

续表

编号	项目名称	工程特征	单位	工期	备注
QW2-269	**1000kV 线路 30km**	山地—坚硬岩石	月	**18.0**	总工期
QW2-269-1	基础工程		日	329	
QW2-269-2	组塔工程		日	195	
QW2-269-3	架线附件及验收		日	177	
QW2-270	**1000kV 线路 30km**	高山—非硬岩石	月	**18.0**	总工期
QW2-270-1	基础工程		日	300	
QW2-270-2	组塔工程		日	205	
QW2-270-3	架线附件及验收		日	186	
QW2-271	**1000kV 线路 30km**	高山—坚硬岩石	月	**19.0**	总工期
QW2-271-1	基础工程		日	346	
QW2-271-2	组塔工程		日	205	
QW2-271-3	架线附件及验收		日	186	
QW2-272	**1000kV 线路 30km**	峻岭—非硬岩石	月	**19.0**	总工期
QW2-272-1	基础工程		日	315	
QW2-272-2	组塔工程		日	215	
QW2-272-3	架线附件及验收		日	195	

续表

编号	项目名称	工程特征	单位	工期	备注
QW2-273	**1000kV 线路 30km**	峻岭—坚硬岩石	**月**	**20.0**	总工期
QW2-273-1	基础工程		日	363	
QW2-273-2	组塔工程		日	215	
QW2-273-3	架线附件及验收		日	195	
QW2-274	**1000kV 线路 50km**	平地—土质	**月**	**13.5**	总工期
QW2-274-1	基础工程		日	207	
QW2-274-2	组塔工程		日	156	
QW2-274-3	架线附件及验收		日	148	
QW2-275	**1000kV 线路 50km**	平地—石质	**月**	**14.5**	总工期
QW2-275-1	基础工程		日	252	
QW2-275-2	组塔工程		日	156	
QW2-275-3	架线附件及验收		日	148	
QW2-276	**1000kV 线路 50km**	丘陵—土质	**月**	**15.5**	总工期
QW2-276-1	基础工程		日	248	
QW2-276-2	组塔工程		日	209	
QW2-276-3	架线附件及验收		日	148	

续表

编号	项目名称	工程特征	单位	工期	备注
QW2-277	**1000kV 线路 50km**	丘陵—石质	月	**16.5**	总工期
QW2-277-1	基础工程		日	295	
QW2-277-2	组塔工程		日	209	
QW2-277-3	架线附件及验收		日	148	
QW2-278	**1000kV 线路 50km**	泥沼	月	**15.0**	总工期
QW2-278-1	基础工程		日	279	
QW2-278-2	组塔工程		日	156	
QW2-278-3	架线附件及验收		日	148	
QW2-279	**1000kV 线路 50km**	河网	月	**16.0**	总工期
QW2-279-1	基础工程		日	314	
QW2-279-2	组塔工程		日	156	
QW2-279-3	架线附件及验收		日	148	
QW2-280	**1000kV 线路 50km**	沙漠	月	**14.5**	总工期
QW2-280-1	基础工程		日	246	
QW2-280-2	组塔工程		日	156	
QW2-280-3	架线附件及验收		日	148	

续表

编号	项目名称	工程特征	单位	工期	备注
QW2-281	**1000kV 线路 50km**		**月**	**19.0**	**总工期**
QW2-281-1	基础工程	山地—非硬岩石	日	321	
QW2-281-2	组塔工程		日	220	
QW2-281-3	架线附件及验收		日	189	
QW2-282	**1000kV 线路 50km**		**月**	**20.0**	**总工期**
QW2-282-1	基础工程	山地—坚硬岩石	日	370	
QW2-282-2	组塔工程		日	220	
QW2-282-3	架线附件及验收		日	189	
QW2-283	**1000kV 线路 50km**		**月**	**20.0**	**总工期**
QW2-283-1	基础工程	高山—非硬岩石	日	338	
QW2-283-2	组塔工程		日	231	
QW2-283-3	架线附件及验收		日	198	
QW2-284	**1000kV 线路 50km**		**月**	**21.0**	**总工期**
QW2-284-1	基础工程	高山—坚硬岩石	日	389	
QW2-284-2	组塔工程		日	231	
QW2-284-3	架线附件及验收		日	198	

DE 2022

续表

编号	项目名称	工程特征	单位	工期	备注
QW2-285	**1000kV 线路 50km**	峻岭—非硬岩石	月	**21.0**	总工期
QW2-285-1	基础工程		日	354	
QW2-285-2	组塔工程		日	242	
QW2-285-3	架线附件及验收		日	208	
QW2-286	**1000kV 线路 50km**	峻岭—坚硬岩石	月	**22.0**	总工期
QW2-286-1	基础工程		日	408	
QW2-286-2	组塔工程		日	242	
QW2-286-3	架线附件及验收		日	208	
QW2-287	**1000kV 线路 70km**	平地—土质	月	**14.5**	总工期
QW2-287-1	基础工程		日	228	
QW2-287-2	组塔工程		日	172	
QW2-287-3	架线附件及验收		日	163	
QW2-288	**1000kV 线路 70km**	平地—石质	月	**16.0**	总工期
QW2-288-1	基础工程		日	277	
QW2-288-2	组塔工程		日	172	
QW2-288-3	架线附件及验收		日	163	

续表

编号	项目名称	工程特征	单位	工期	备注
QW2-289	**1000kV 线路 70km**	丘陵—土质	**月**	**17.0**	**总工期**
QW2-289-1	基础工程		日	273	
QW2-289-2	组塔工程		日	230	
QW2-289-3	架线附件及验收		日	163	
QW2-290	**1000kV 线路 70km**	丘陵—石质	**月**	**18.5**	**总工期**
QW2-290-1	基础工程		日	325	
QW2-290-2	组塔工程		日	230	
QW2-290-3	架线附件及验收		日	163	
QW2-291	**1000kV 线路 70km**	泥沼	**月**	**16.5**	**总工期**
QW2-291-1	基础工程		日	307	
QW2-291-2	组塔工程		日	172	
QW2-291-3	架线附件及验收		日	163	
QW2-292	**1000kV 线路 70km**	河网	**月**	**17.5**	**总工期**
QW2-292-1	基础工程		日	345	
QW2-292-2	组塔工程		日	172	
QW2-292-3	架线附件及验收		日	163	

续表

编号	项目名称	工程特征	单位	工期	备注
QW2-293	**1000kV 线路 70km**	沙漠	**月**	**15.5**	**总工期**
QW2-293-1	基础工程		日	271	
QW2-293-2	组塔工程		日	172	
QW2-293-3	架线附件及验收		日	163	
QW2-294	**1000kV 线路 70km**	山地— 非硬岩石	**月**	**21.0**	**总工期**
QW2-294-1	基础工程		日	354	
QW2-294-2	组塔工程		日	242	
QW2-294-3	架线附件及验收		日	207	
QW2-295	**1000kV 线路 70km**	山地— 坚硬岩石	**月**	**22.0**	**总工期**
QW2-295-1	基础工程		日	407	
QW2-295-2	组塔工程		日	242	
QW2-295-3	架线附件及验收		日	207	
QW2-296	**1000kV 线路 70km**	高山— 非硬岩石	**月**	**22.0**	**总工期**
QW2-296-1	基础工程		日	371	

续表

编号	项目名称	工程特征	单位	工期	备注
QW2-296-2	组塔工程	高山—非硬岩石	日	254	
QW2-296-3	架线附件及验收		日	218	
QW2-297	**1000kV 线路 70km**	高山—坚硬岩石	**月**	**23.0**	**总工期**
QW2-297-1	基础工程		日	427	
QW2-297-2	组塔工程		日	254	
QW2-297-3	架线附件及验收		日	218	
QW2-298	**1000kV 线路 70km**	峻岭—非硬岩石	**月**	**23.0**	**总工期**
QW2-298-1	基础工程		日	390	
QW2-298-2	组塔工程		日	266	
QW2-298-3	架线附件及验收		日	229	
QW2-299	**1000kV 线路 70km**	峻岭—坚硬岩石	**月**	**24.5**	**总工期**
QW2-299-1	基础工程		日	449	
QW2-299-2	组塔工程		日	266	
QW2-299-3	架线附件及验收		日	229	

第二节　交流双回线路工程

一、35kV 交流双回线路工程

编号	项目名称	工程特征	单位	工期	备注
QW2-300	**35kV 线路 10km**	平地—土质	月	**5.0**	总工期
QW2-300-1	基础工程		日	65	
QW2-300-2	组塔工程		日	36	
QW2-300-3	架线附件及验收		日	44	
QW2-301	**35kV 线路 10km**	平地—石质	月	**5.5**	总工期
QW2-301-1	基础工程		日	80	
QW2-301-2	组塔工程		日	36	
QW2-301-3	架线附件及验收		日	44	
QW2-302	**35kV 线路 10km**	丘陵—土质	月	**5.5**	总工期
QW2-302-1	基础工程		日	81	
QW2-302-2	组塔工程		日	39	
QW2-302-3	架线附件及验收		日	44	

续表

编号	项目名称	工程特征	单位	工期	备注
QW2-303	**35kV 线路 10km**	丘陵—石质	**月**	**6.0**	**总工期**
QW2-303-1	基础工程		日	93	
QW2-303-2	组塔工程		日	39	
QW2-303-3	架线附件及验收		日	44	
QW2-304	**35kV 线路 10km**	泥沼	**月**	**5.5**	**总工期**
QW2-304-1	基础工程		日	84	
QW2-304-2	组塔工程		日	36	
QW2-304-3	架线附件及验收		日	44	
QW2-305	**35kV 线路 10km**	河网	**月**	**6.0**	**总工期**
QW2-305-1	基础工程		日	100	
QW2-305-2	组塔工程		日	36	
QW2-305-3	架线附件及验收		日	44	
QW2-306	**35kV 线路 10km**	沙漠	**月**	**5.0**	**总工期**
QW2-306-1	基础工程		日	76	
QW2-306-2	组塔工程		日	36	
QW2-306-3	架线附件及验收		日	44	

续表

编号	项目名称	工程特征	单位	工期	备注
QW2-307	**35kV 线路 10km**	山地—非硬岩石	**月**	**7.0**	**总工期**
QW2-307-1	基础工程		日	109	
QW2-307-2	组塔工程		日	44	
QW2-307-3	架线附件及验收		日	51	
QW2-308	**35kV 线路 10km**	山地—坚硬岩石	**月**	**7.5**	**总工期**
QW2-308-1	基础工程		日	124	
QW2-308-2	组塔工程		日	44	
QW2-308-3	架线附件及验收		日	51	
QW2-309	**35kV 线路 10km**	高山—非硬岩石	**月**	**7.5**	**总工期**
QW2-309-1	基础工程		日	115	
QW2-309-2	组塔工程		日	46	
QW2-309-3	架线附件及验收		日	53	
QW2-310	**35kV 线路 10km**	高山—坚硬岩石	**月**	**8.0**	**总工期**
QW2-310-1	基础工程		日	130	
QW2-310-2	组塔工程		日	46	
QW2-310-3	架线附件及验收		日	53	

续表

编号	项目名称	工程特征	单位	工期	备注
QW2-311	**35kV 线路 10km**	峻岭—非硬岩石	**月**	**8.0**	**总工期**
QW2-311-1	基础工程		日	121	
QW2-311-2	组塔工程		日	49	
QW2-311-3	架线附件及验收		日	56	
QW2-312	**35kV 线路 10km**	峻岭—坚硬岩石	**月**	**9.0**	**总工期**
QW2-312-1	基础工程		日	137	
QW2-312-2	组塔工程		日	49	
QW2-312-3	架线附件及验收		日	56	
QW2-313	**35kV 线路 30km**	平地—土质	**月**	**7.0**	**总工期**
QW2-313-1	基础工程		日	107	
QW2-313-2	组塔工程		日	69	
QW2-313-3	架线附件及验收		日	86	
QW2-314	**35kV 线路 30km**	平地—石质	**月**	**7.5**	**总工期**
QW2-314-1	基础工程		日	132	
QW2-314-2	组塔工程		日	69	
QW2-314-3	架线附件及验收		日	86	

DE 2022

续表

编号	项目名称	工程特征	单位	工期	备注
QW2-315	**35kV 线路 30km**	丘陵—土质	月	**7.5**	总工期
QW2-315-1	基础工程		日	124	
QW2-315-2	组塔工程		日	77	
QW2-315-3	架线附件及验收		日	86	
QW2-316	**35kV 线路 30km**	丘陵—石质	月	**8.0**	总工期
QW2-316-1	基础工程		日	143	
QW2-316-2	组塔工程		日	77	
QW2-316-3	架线附件及验收		日	86	
QW2-317	**35kV 线路 30km**	泥沼	月	**7.5**	总工期
QW2-317-1	基础工程		日	132	
QW2-317-2	组塔工程		日	69	
QW2-317-3	架线附件及验收		日	86	
QW2-318	**35kV 线路 30km**	河网	月	**8.5**	总工期
QW2-318-1	基础工程		日	163	
QW2-318-2	组塔工程		日	69	
QW2-318-3	架线附件及验收		日	86	

续表

编号	项目名称	工程特征	单位	工期	备注
QW2-319	**35kV 线路 30km**	沙漠	月	**7.5**	总工期
QW2-319-1	基础工程		日	123	
QW2-319-2	组塔工程		日	69	
QW2-319-3	架线附件及验收		日	86	
QW2-320	**35kV 线路 30km**	山地—非硬岩石	月	**10.0**	总工期
QW2-320-1	基础工程		日	176	
QW2-320-2	组塔工程		日	89	
QW2-320-3	架线附件及验收		日	108	
QW2-321	**35kV 线路 30km**	山地—坚硬岩石	月	**10.5**	总工期
QW2-321-1	基础工程		日	201	
QW2-321-2	组塔工程		日	89	
QW2-321-3	架线附件及验收		日	108	
QW2-322	**35kV 线路 30km**	高山—非硬岩石	月	**10.5**	总工期
QW2-322-1	基础工程		日	185	
QW2-322-2	组塔工程		日	94	
QW2-322-3	架线附件及验收		日	113	

续表

编号	项目名称	工程特征	单位	工期	备注
QW2-323	**35kV 线路 30km**	高山—坚硬岩石	月	**11.0**	总工期
QW2-323-1	基础工程		日	211	
QW2-323-2	组塔工程		日	94	
QW2-323-3	架线附件及验收		日	113	
QW2-324	**35kV 线路 30km**	峻岭—非硬岩石	月	**11.0**	总工期
QW2-324-1	基础工程		日	194	
QW2-324-2	组塔工程		日	98	
QW2-324-3	架线附件及验收		日	119	
QW2-325	**35kV 线路 30km**	峻岭—坚硬岩石	月	**11.5**	总工期
QW2-325-1	基础工程		日	221	
QW2-325-2	组塔工程		日	98	
QW2-325-3	架线附件及验收		日	119	
QW2-326	**35kV 线路 50km**	平地—土质	月	**8.5**	总工期
QW2-326-1	基础工程		日	126	
QW2-326-2	组塔工程		日	97	
QW2-326-3	架线附件及验收		日	104	

续表

编号	项目名称	工程特征	单位	工期	备注
QW2-327	**35kV 线路 50km**	平地—石质	**月**	**9.5**	**总工期**
QW2-327-1	基础工程		日	151	
QW2-327-2	组塔工程		日	97	
QW2-327-3	架线附件及验收		日	104	
QW2-328	**35kV 线路 50km**	丘陵—土质	**月**	**9.5**	**总工期**
QW2-328-1	基础工程		日	143	
QW2-328-2	组塔工程		日	117	
QW2-328-3	架线附件及验收		日	104	
QW2-329	**35kV 线路 50km**	丘陵—石质	**月**	**10.0**	**总工期**
QW2-329-1	基础工程		日	169	
QW2-329-2	组塔工程		日	117	
QW2-329-3	架线附件及验收		日	104	
QW2-330	**35kV 线路 50km**	泥沼	**月**	**9.5**	**总工期**
QW2-330-1	基础工程		日	153	
QW2-330-2	组塔工程		日	97	
QW2-330-3	架线附件及验收		日	104	

续表

编号	项目名称	工程特征	单位	工期	备注
QW2-331	**35kV 线路 50km**	河网	**月**	**10.0**	总工期
QW2-331-1	基础工程		日	184	
QW2-331-2	组塔工程		日	97	
QW2-331-3	架线附件及验收		日	104	
QW2-332	**35kV 线路 50km**	沙漠	**月**	**9.0**	总工期
QW2-332-1	基础工程		日	138	
QW2-332-2	组塔工程		日	97	
QW2-332-3	架线附件及验收		日	104	
QW2-333	**35kV 线路 50km**	山地—非硬岩石	**月**	**12.5**	总工期
QW2-333-1	基础工程		日	216	
QW2-333-2	组塔工程		日	126	
QW2-333-3	架线附件及验收		日	130	
QW2-334	**35kV 线路 50km**	山地—坚硬岩石	**月**	**13.0**	总工期
QW2-334-1	基础工程		日	246	
QW2-334-2	组塔工程		日	126	
QW2-334-3	架线附件及验收		日	130	

续表

编号	项目名称	工程特征	单位	工期	备注
QW2-335	**35kV 线路 50km**	高山—非硬岩石	**月**	**13.0**	总工期
QW2-335-1	基础工程		日	227	
QW2-335-2	组塔工程		日	132	
QW2-335-3	架线附件及验收		日	136	
QW2-336	**35kV 线路 50km**	高山—坚硬岩石	**月**	**13.5**	总工期
QW2-336-1	基础工程		日	258	
QW2-336-2	组塔工程		日	132	
QW2-336-3	架线附件及验收		日	136	
QW2-337	**35kV 线路 50km**	峻岭—非硬岩石	**月**	**13.5**	总工期
QW2-337-1	基础工程		日	238	
QW2-337-2	组塔工程		日	138	
QW2-337-3	架线附件及验收		日	143	
QW2-338	**35kV 线路 50km**	峻岭—坚硬岩石	**月**	**14.5**	总工期
QW2-338-1	基础工程		日	271	
QW2-338-2	组塔工程		日	138	
QW2-338-3	架线附件及验收		日	143	

二、110kV 交流双回线路工程

编号	项目名称	工程特征	单位	工期	备注
QW2-339	**110kV 线路 10km**	平地—土质	**月**	**5.5**	总工期
QW2-339-1	基础工程		日	74	
QW2-339-2	组塔工程		日	40	
QW2-339-3	架线附件及验收		日	49	
QW2-340	**110kV 线路 10km**	平地—石质	**月**	**6.0**	总工期
QW2-340-1	基础工程		日	90	
QW2-340-2	组塔工程		日	40	
QW2-340-3	架线附件及验收		日	49	
QW2-341	**110kV 线路 10km**	丘陵—土质	**月**	**6.5**	总工期
QW2-341-1	基础工程		日	93	
QW2-341-2	组塔工程		日	47	
QW2-341-3	架线附件及验收		日	49	
QW2-342	**110kV 线路 10km**	丘陵—石质	**月**	**6.5**	总工期
QW2-342-1	基础工程		日	106	
QW2-342-2	组塔工程		日	47	
QW2-342-3	架线附件及验收		日	49	

续表

编号	项目名称	工程特征	单位	工期	备注
QW2-343	**110kV 线路 10km**	泥沼	**月**	**6.0**	**总工期**
QW2-343-1	基础工程		日	96	
QW2-343-2	组塔工程		日	40	
QW2-343-3	架线附件及验收		日	49	
QW2-344	**110kV 线路 10km**	河网	**月**	**7.0**	**总工期**
QW2-344-1	基础工程		日	114	
QW2-344-2	组塔工程		日	40	
QW2-344-3	架线附件及验收		日	49	
QW2-345	**110kV 线路 10km**	沙漠	**月**	**6.0**	**总工期**
QW2-345-1	基础工程		日	87	
QW2-345-2	组塔工程		日	40	
QW2-345-3	架线附件及验收		日	49	
QW2-346	**110kV 线路 10km**	山地—非硬岩石	**月**	**8.0**	**总工期**
QW2-346-1	基础工程		日	125	
QW2-346-2	组塔工程		日	52	
QW2-346-3	架线附件及验收		日	56	

DE 2022

续表

编号	项目名称	工程特征	单位	工期	备注
QW2-347	**110kV 线路 10km**	山地—坚硬岩石	**月**	**8.5**	总工期
QW2-347-1	基础工程		日	145	
QW2-347-2	组塔工程		日	52	
QW2-347-3	架线附件及验收		日	56	
QW2-348	**110kV 线路 10km**	高山—非硬岩石	**月**	**8.5**	总工期
QW2-348-1	基础工程		日	132	
QW2-348-2	组塔工程		日	55	
QW2-348-3	架线附件及验收		日	59	
QW2-349	**110kV 线路 10km**	高山—坚硬岩石	**月**	**8.5**	总工期
QW2-349-1	基础工程		日	152	
QW2-349-2	组塔工程		日	55	
QW2-349-3	架线附件及验收		日	59	
QW2-350	**110kV 线路 10km**	峻岭—非硬岩石	**月**	**9.0**	总工期
QW2-350-1	基础工程		日	138	
QW2-350-2	组塔工程		日	57	
QW2-350-3	架线附件及验收		日	62	

续表

编号	项目名称	工程特征	单位	工期	备注
QW2-351	**110kV 线路 10km**	峻岭—坚硬岩石	**月**	**10.0**	**总工期**
QW2-351-1	基础工程		日	160	
QW2-351-2	组塔工程		日	57	
QW2-351-3	架线附件及验收		日	62	
QW2-352	**110kV 线路 30km**	平地—土质	**月**	**7.5**	**总工期**
QW2-352-1	基础工程		日	114	
QW2-352-2	组塔工程		日	71	
QW2-352-3	架线附件及验收		日	95	
QW2-353	**110kV 线路 30km**	平地—石质	**月**	**8.5**	**总工期**
QW2-353-1	基础工程		日	150	
QW2-353-2	组塔工程		日	71	
QW2-353-3	架线附件及验收		日	95	
QW2-354	**110kV 线路 30km**	丘陵—土质	**月**	**8.5**	**总工期**
QW2-354-1	基础工程		日	140	
QW2-354-2	组塔工程		日	85	
QW2-354-3	架线附件及验收		日	95	

续表

编号	项目名称	工程特征	单位	工期	备注
QW2-355	**110kV 线路 30km**	丘陵—石质	**月**	**9.0**	**总工期**
QW2-355-1	基础工程		日	176	
QW2-355-2	组塔工程		日	85	
QW2-355-3	架线附件及验收		日	95	
QW2-356	**110kV 线路 30km**	泥沼	**月**	**8.5**	**总工期**
QW2-356-1	基础工程		日	148	
QW2-356-2	组塔工程		日	71	
QW2-356-3	架线附件及验收		日	95	
QW2-357	**110kV 线路 30km**	河网	**月**	**9.0**	**总工期**
QW2-357-1	基础工程		日	178	
QW2-357-2	组塔工程		日	71	
QW2-357-3	架线附件及验收		日	95	
QW2-358	**110kV 线路 30km**	沙漠	**月**	**8.0**	**总工期**
QW2-358-1	基础工程		日	130	
QW2-358-2	组塔工程		日	71	
QW2-358-3	架线附件及验收		日	95	

续表

编号	项目名称	工程特征	单位	工期	备注
QW2-359	**110kV 线路 30km**	山地— 非硬岩石	**月**	**10.5**	**总工期**
QW2-359-1	基础工程		日	185	
QW2-359-2	组塔工程		日	92	
QW2-359-3	架线附件及验收		日	116	
QW2-360	**110kV 线路 30km**	山地— 坚硬岩石	**月**	**11.0**	**总工期**
QW2-360-1	基础工程		日	205	
QW2-360-2	组塔工程		日	92	
QW2-360-3	架线附件及验收		日	116	
QW2-361	**110kV 线路 30km**	高山— 非硬岩石	**月**	**11.0**	**总工期**
QW2-361-1	基础工程		日	194	
QW2-361-2	组塔工程		日	96	
QW2-361-3	架线附件及验收		日	122	
QW2-362	**110kV 线路 30km**	高山— 坚硬岩石	**月**	**11.5**	**总工期**
QW2-362-1	基础工程		日	215	
QW2-362-2	组塔工程		日	96	
QW2-362-3	架线附件及验收		日	122	

续表

编号	项目名称	工程特征	单位	工期	备注
QW2-363	**110kV 线路 30km**	峻岭— 非硬岩石	**月**	**11.5**	**总工期**
QW2-363-1	基础工程		日	204	
QW2-363-2	组塔工程		日	101	
QW2-363-3	架线附件及验收		日	128	
QW2-364	**110kV 线路 30km**	峻岭— 坚硬岩石	**月**	**12.0**	**总工期**
QW2-364-1	基础工程		日	226	
QW2-364-2	组塔工程		日	101	
QW2-364-3	架线附件及验收		日	128	
QW2-365	**110kV 线路 50km**	平地—土质	**月**	**9.5**	**总工期**
QW2-365-1	基础工程		日	154	
QW2-365-2	组塔工程		日	100	
QW2-365-3	架线附件及验收		日	110	
QW2-366	**110kV 线路 50km**	平地—石质	**月**	**10.5**	**总工期**
QW2-366-1	基础工程		日	182	
QW2-366-2	组塔工程		日	100	
QW2-366-3	架线附件及验收		日	110	

续表

编号	项目名称	工程特征	单位	工期	备注
QW2-367	**110kV 线路 50km**	丘陵—土质	**月**	**10.5**	**总工期**
QW2-367-1	基础工程		日	176	
QW2-367-2	组塔工程		日	122	
QW2-367-3	架线附件及验收		日	110	
QW2-368	**110kV 线路 50km**	丘陵—石质	**月**	**11.0**	**总工期**
QW2-368-1	基础工程		日	200	
QW2-368-2	组塔工程		日	122	
QW2-368-3	架线附件及验收		日	110	
QW2-369	**110kV 线路 50km**	泥沼	**月**	**10.0**	**总工期**
QW2-369-1	基础工程		日	179	
QW2-369-2	组塔工程		日	100	
QW2-369-3	架线附件及验收		日	110	
QW2-370	**110kV 线路 50km**	河网	**月**	**11.0**	**总工期**
QW2-370-1	基础工程		日	209	
QW2-370-2	组塔工程		日	100	
QW2-370-3	架线附件及验收		日	110	

续表

编号	项目名称	工程特征	单位	工期	备注
QW2-371	**110kV 线路 50km**	沙漠	月	**10.0**	总工期
QW2-371-1	基础工程		日	173	
QW2-371-2	组塔工程		日	100	
QW2-371-3	架线附件及验收		日	110	
QW2-372	**110kV 线路 50km**	山地—非硬岩石	月	**12.5**	总工期
QW2-372-1	基础工程		日	221	
QW2-372-2	组塔工程		日	130	
QW2-372-3	架线附件及验收		日	136	
QW2-373	**110kV 线路 50km**	山地—坚硬岩石	月	**13.5**	总工期
QW2-373-1	基础工程		日	251	
QW2-373-2	组塔工程		日	130	
QW2-373-3	架线附件及验收		日	136	
QW2-374	**110kV 线路 50km**	高山—非硬岩石	月	**13.5**	总工期
QW2-374-1	基础工程		日	232	
QW2-374-2	组塔工程		日	136	
QW2-374-3	架线附件及验收		日	142	

续表

编号	项目名称	工程特征	单位	工期	备注
QW2-375	**110kV 线路 50km**	高山—坚硬岩石	**月**	**14.0**	**总工期**
QW2-375-1	基础工程		日	263	
QW2-375-2	组塔工程		日	136	
QW2-375-3	架线附件及验收		日	142	
QW2-376	**110kV 线路 50km**	峻岭—非硬岩石	**月**	**14.0**	**总工期**
QW2-376-1	基础工程		日	243	
QW2-376-2	组塔工程		日	143	
QW2-376-3	架线附件及验收		日	149	
QW2-377	**110kV 线路 50km**	峻岭—坚硬岩石	**月**	**15.0**	**总工期**
QW2-377-1	基础工程		日	277	
QW2-377-2	组塔工程		日	143	
QW2-377-3	架线附件及验收		日	149	
QW2-378	**110kV 线路 80km**	平地—土质	**月**	**10.5**	**总工期**
QW2-378-1	基础工程		日	164	
QW2-378-2	组塔工程		日	110	
QW2-378-3	架线附件及验收		日	120	

DE 2022

续表

编号	项目名称	工程特征	单位	工期	备注
QW2-379	**110kV 线路 80km**	平地—石质	**月**	**11.0**	**总工期**
QW2-379-1	基础工程		日	192	
QW2-379-2	组塔工程		日	110	
QW2-379-3	架线附件及验收		日	120	
QW2-380	**110kV 线路 80km**	丘陵—土质	**月**	**11.5**	**总工期**
QW2-380-1	基础工程		日	186	
QW2-380-2	组塔工程		日	132	
QW2-380-3	架线附件及验收		日	120	
QW2-381	**110kV 线路 80km**	丘陵—石质	**月**	**12.0**	**总工期**
QW2-381-1	基础工程		日	210	
QW2-381-2	组塔工程		日	132	
QW2-381-3	架线附件及验收		日	120	
QW2-382	**110kV 线路 80km**	泥沼	**月**	**11.0**	**总工期**
QW2-382-1	基础工程		日	189	
QW2-382-2	组塔工程		日	110	
QW2-382-3	架线附件及验收		日	120	

续表

编号	项目名称	工程特征	单位	工期	备注
QW2-383	**110kV 线路 80km**	河网	**月**	**11.5**	**总工期**
QW2-383-1	基础工程		日	219	
QW2-383-2	组塔工程		日	110	
QW2-383-3	架线附件及验收		日	120	
QW2-384	**110kV 线路 80km**	沙漠	**月**	**11.0**	**总工期**
QW2-384-1	基础工程		日	183	
QW2-384-2	组塔工程		日	110	
QW2-384-3	架线附件及验收		日	120	
QW2-385	**110kV 线路 80km**	山地— 非硬岩石	**月**	**13.5**	**总工期**
QW2-385-1	基础工程		日	231	
QW2-385-2	组塔工程		日	140	
QW2-385-3	架线附件及验收		日	146	
QW2-386	**110kV 线路 80km**	山地— 坚硬岩石	**月**	**14.0**	**总工期**
QW2-386-1	基础工程		日	261	
QW2-386-2	组塔工程		日	140	
QW2-386-3	架线附件及验收		日	146	

续表

编号	项目名称	工程特征	单位	工期	备注
QW2-387	**110kV 线路 80km**	高山—非硬岩石	**月**	**14.0**	**总工期**
QW2-387-1	基础工程		日	242	
QW2-387-2	组塔工程		日	147	
QW2-387-3	架线附件及验收		日	153	
QW2-388	**110kV 线路 80km**	高山—坚硬岩石	**月**	**15.0**	**总工期**
QW2-388-1	基础工程		日	274	
QW2-388-2	组塔工程		日	147	
QW2-388-3	架线附件及验收		日	153	
QW2-389	**110kV 线路 80km**	峻岭—非硬岩石	**月**	**15.0**	**总工期**
QW2-389-1	基础工程		日	254	
QW2-389-2	组塔工程		日	154	
QW2-389-3	架线附件及验收		日	161	
QW2-390	**110kV 线路 80km**	峻岭—坚硬岩石	**月**	**15.5**	**总工期**
QW2-390-1	基础工程		日	288	
QW2-390-2	组塔工程		日	154	
QW2-390-3	架线附件及验收		日	161	

三、220kV 交流双回线路工程

编号	项目名称	工程特征	单位	工期	备注
QW2-391	**220kV 线路 10km**	平地—土质	**月**	**7.5**	**总工期**
QW2-391-1	基础工程		日	90	
QW2-391-2	组塔工程		日	64	
QW2-391-3	架线附件及验收		日	67	
QW2-392	**220kV 线路 10km**	平地—石质	**月**	**8.0**	**总工期**
QW2-392-1	基础工程		日	114	
QW2-392-2	组塔工程		日	64	
QW2-392-3	架线附件及验收		日	67	
QW2-393	**220kV 线路 10km**	丘陵—土质	**月**	**8.5**	**总工期**
QW2-393-1	基础工程		日	111	
QW2-393-2	组塔工程		日	71	
QW2-393-3	架线附件及验收		日	67	
QW2-394	**220kV 线路 10km**	丘陵—石质	**月**	**9.0**	**总工期**
QW2-394-1	基础工程		日	130	
QW2-394-2	组塔工程		日	71	
QW2-394-3	架线附件及验收		日	67	

续表

编号	项目名称	工程特征	单位	工期	备注
QW2-395	**220kV 线路 10km**	泥沼	**月**	**8.0**	**总工期**
QW2-395-1	基础工程		日	112	
QW2-395-2	组塔工程		日	64	
QW2-395-3	架线附件及验收		日	67	
QW2-396	**220kV 线路 10km**	河网	**月**	**9.0**	**总工期**
QW2-396-1	基础工程		日	136	
QW2-396-2	组塔工程		日	64	
QW2-396-3	架线附件及验收		日	67	
QW2-397	**220kV 线路 10km**	沙漠	**月**	**7.5**	**总工期**
QW2-397-1	基础工程		日	101	
QW2-397-2	组塔工程		日	64	
QW2-397-3	架线附件及验收		日	67	
QW2-398	**220kV 线路 10km**	山地—非硬岩石	**月**	**10.0**	**总工期**
QW2-398-1	基础工程		日	135	
QW2-398-2	组塔工程		日	86	
QW2-398-3	架线附件及验收		日	77	

续表

编号	项目名称	工程特征	单位	工期	备注
QW2-399	**220kV 线路 10km**	山地—坚硬岩石	**月**	**10.5**	总工期
QW2-399-1	基础工程		日	155	
QW2-399-2	组塔工程		日	86	
QW2-399-3	架线附件及验收		日	77	
QW2-400	**220kV 线路 10km**	高山—非硬岩石	**月**	**10.5**	总工期
QW2-400-1	基础工程		日	142	
QW2-400-2	组塔工程		日	90	
QW2-400-3	架线附件及验收		日	81	
QW2-401	**220kV 线路 10km**	高山—坚硬岩石	**月**	**11.0**	总工期
QW2-401-1	基础工程		日	162	
QW2-401-2	组塔工程		日	90	
QW2-401-3	架线附件及验收		日	81	
QW2-402	**220kV 线路 10km**	峻岭—非硬岩石	**月**	**11.0**	总工期
QW2-402-1	基础工程		日	149	
QW2-402-2	组塔工程		日	95	
QW2-402-3	架线附件及验收		日	85	

续表

编号	项目名称	工程特征	单位	工期	备注
QW2-403	**220kV 线路 10km**	峻岭—坚硬岩石	**月**	**11.5**	总工期
QW2-403-1	基础工程		日	170	
QW2-403-2	组塔工程		日	95	
QW2-403-3	架线附件及验收		日	85	
QW2-404	**220kV 线路 30km**	平地—土质	**月**	**8.5**	总工期
QW2-404-1	基础工程		日	129	
QW2-404-2	组塔工程		日	92	
QW2-404-3	架线附件及验收		日	103	
QW2-405	**220kV 线路 30km**	平地—石质	**月**	**9.5**	总工期
QW2-405-1	基础工程		日	163	
QW2-405-2	组塔工程		日	92	
QW2-405-3	架线附件及验收		日	103	
QW2-406	**220kV 线路 30km**	丘陵—土质	**月**	**9.5**	总工期
QW2-406-1	基础工程		日	158	
QW2-406-2	组塔工程		日	102	
QW2-406-3	架线附件及验收		日	103	

续表

编号	项目名称	工程特征	单位	工期	备注
QW2-407	**220kV 线路 30km**	丘陵—石质	**月**	**10.0**	总工期
QW2-407-1	基础工程		日	185	
QW2-407-2	组塔工程		日	102	
QW2-407-3	架线附件及验收		日	103	
QW2-408	**220kV 线路 30km**	泥沼	**月**	**9.5**	总工期
QW2-408-1	基础工程		日	161	
QW2-408-2	组塔工程		日	92	
QW2-408-3	架线附件及验收		日	103	
QW2-409	**220kV 线路 30km**	河网	**月**	**10.0**	总工期
QW2-409-1	基础工程		日	194	
QW2-409-2	组塔工程		日	92	
QW2-409-3	架线附件及验收		日	103	
QW2-410	**220kV 线路 30km**	沙漠	**月**	**9.0**	总工期
QW2-410-1	基础工程		日	144	
QW2-410-2	组塔工程		日	92	
QW2-410-3	架线附件及验收		日	103	

DE 2022

续表

编号	项目名称	工程特征	单位	工期	备注
QW2-411	**220kV 线路 30km**	山地—非硬岩石	月	**11.5**	总工期
QW2-411-1	基础工程		日	193	
QW2-411-2	组塔工程		日	123	
QW2-411-3	架线附件及验收		日	119	
QW2-412	**220kV 线路 30km**	山地—坚硬岩石	月	**12.0**	总工期
QW2-412-1	基础工程		日	221	
QW2-412-2	组塔工程		日	123	
QW2-412-3	架线附件及验收		日	119	
QW2-413	**220kV 线路 30km**	高山—非硬岩石	月	**12.0**	总工期
QW2-413-1	基础工程		日	203	
QW2-413-2	组塔工程		日	129	
QW2-413-3	架线附件及验收		日	125	
QW2-414	**220kV 线路 30km**	高山—坚硬岩石	月	**12.5**	总工期
QW2-414-1	基础工程		日	232	
QW2-414-2	组塔工程		日	129	
QW2-414-3	架线附件及验收		日	125	

续表

编号	项目名称	工程特征	单位	工期	备注
QW2-415	**220kV 线路 30km**	峻岭—非硬岩石	**月**	**12.5**	总工期
QW2-415-1	基础工程		日	213	
QW2-415-2	组塔工程		日	135	
QW2-415-3	架线附件及验收		日	131	
QW2-416	**220kV 线路 30km**	峻岭—坚硬岩石	**月**	**13.0**	总工期
QW2-416-1	基础工程		日	243	
QW2-416-2	组塔工程		日	135	
QW2-416-3	架线附件及验收		日	131	
QW2-417	**220kV 线路 50km**	平地—土质	**月**	**10.5**	总工期
QW2-417-1	基础工程		日	158	
QW2-417-2	组塔工程		日	108	
QW2-417-3	架线附件及验收		日	122	
QW2-418	**220kV 线路 50km**	平地—石质	**月**	**11.0**	总工期
QW2-418-1	基础工程		日	190	
QW2-418-2	组塔工程		日	108	
QW2-418-3	架线附件及验收		日	122	

续表

编号	项目名称	工程特征	单位	工期	备注
QW2-419	**220kV 线路 50km**	丘陵—土质	月	**11.0**	总工期
QW2-419-1	基础工程		日	184	
QW2-419-2	组塔工程		日	123	
QW2-419-3	架线附件及验收		日	122	
QW2-420	**220kV 线路 50km**	丘陵—石质	月	**12.0**	总工期
QW2-420-1	基础工程		日	206	
QW2-420-2	组塔工程		日	123	
QW2-420-3	架线附件及验收		日	122	
QW2-421	**220kV 线路 50km**	泥沼	月	**11.0**	总工期
QW2-421-1	基础工程		日	190	
QW2-421-2	组塔工程		日	108	
QW2-421-3	架线附件及验收		日	122	
QW2-422	**220kV 线路 50km**	河网	月	**12.0**	总工期
QW2-422-1	基础工程		日	230	
QW2-422-2	组塔工程		日	108	
QW2-422-3	架线附件及验收		日	122	

续表

编号	项目名称	工程特征	单位	工期	备注
QW2-423	**220kV 线路 50km**	沙漠	**月**	**10.5**	**总工期**
QW2-423-1	基础工程		日	174	
QW2-423-2	组塔工程		日	108	
QW2-423-3	架线附件及验收		日	122	
QW2-424	**220kV 线路 50km**	山地— 非硬岩石	**月**	**13.0**	**总工期**
QW2-424-1	基础工程		日	224	
QW2-424-2	组塔工程		日	137	
QW2-424-3	架线附件及验收		日	144	
QW2-425	**220kV 线路 50km**	山地— 坚硬岩石	**月**	**14.0**	**总工期**
QW2-425-1	基础工程		日	259	
QW2-425-2	组塔工程		日	137	
QW2-425-3	架线附件及验收		日	144	
QW2-426	**220kV 线路 50km**	高山— 非硬岩石	**月**	**14.0**	**总工期**
QW2-426-1	基础工程		日	235	
QW2-426-2	组塔工程		日	144	
QW2-426-3	架线附件及验收		日	151	

续表

编号	项目名称	工程特征	单位	工期	备注
QW2-427	**220kV 线路 50km**	高山—坚硬岩石	**月**	**15.0**	总工期
QW2-427-1	基础工程		日	272	
QW2-427-2	组塔工程		日	144	
QW2-427-3	架线附件及验收		日	151	
QW2-428	**220kV 线路 50km**	峻岭—非硬岩石	**月**	**14.5**	总工期
QW2-428-1	基础工程		日	247	
QW2-428-2	组塔工程		日	151	
QW2-428-3	架线附件及验收		日	159	
QW2-429	**220kV 线路 50km**	峻岭—坚硬岩石	**月**	**15.5**	总工期
QW2-429-1	基础工程		日	286	
QW2-429-2	组塔工程		日	151	
QW2-429-3	架线附件及验收		日	159	
QW2-430	**220kV 线路 80km**	平地—土质	**月**	**11.5**	总工期
QW2-430-1	基础工程		日	179	
QW2-430-2	组塔工程		日	127	
QW2-430-3	架线附件及验收		日	128	

续表

编号	项目名称	工程特征	单位	工期	备注
QW2-431	**220kV 线路 80km**	平地—石质	**月**	**12.5**	**总工期**
QW2-431-1	基础工程		日	228	
QW2-431-2	组塔工程		日	127	
QW2-431-3	架线附件及验收		日	128	
QW2-432	**220kV 线路 80km**	丘陵—土质	**月**	**12.5**	**总工期**
QW2-432-1	基础工程		日	224	
QW2-432-2	组塔工程		日	138	
QW2-432-3	架线附件及验收		日	128	
QW2-433	**220kV 线路 80km**	丘陵—石质	**月**	**13.0**	**总工期**
QW2-433-1	基础工程		日	247	
QW2-433-2	组塔工程		日	138	
QW2-433-3	架线附件及验收		日	128	
QW2-434	**220kV 线路 80km**	泥沼	**月**	**12.5**	**总工期**
QW2-434-1	基础工程		日	226	
QW2-434-2	组塔工程		日	127	
QW2-434-3	架线附件及验收		日	128	

续表

编号	项目名称	工程特征	单位	工期	备注
QW2-435	**220kV 线路 80km**	河网	**月**	**13.0**	总工期
QW2-435-1	基础工程		日	258	
QW2-435-2	组塔工程		日	127	
QW2-435-3	架线附件及验收		日	128	
QW2-436	**220kV 线路 80km**	沙漠	**月**	**12.0**	总工期
QW2-436-1	基础工程		日	197	
QW2-436-2	组塔工程		日	127	
QW2-436-3	架线附件及验收		日	128	
QW2-437	**220kV 线路 80km**	山地—非硬岩石	**月**	**15.0**	总工期
QW2-437-1	基础工程		日	263	
QW2-437-2	组塔工程		日	164	
QW2-437-3	架线附件及验收		日	154	
QW2-438	**220kV 线路 80km**	山地—坚硬岩石	**月**	**16.0**	总工期
QW2-438-1	基础工程		日	300	
QW2-438-2	组塔工程		日	164	
QW2-438-3	架线附件及验收		日	154	

续表

编号	项目名称	工程特征	单位	工期	备注
QW2-439	**220kV 线路 80km**	高山—非硬岩石	**月**	**16.0**	**总工期**
QW2-439-1	基础工程		日	277	
QW2-439-2	组塔工程		日	172	
QW2-439-3	架线附件及验收		日	161	
QW2-440	**220kV 线路 80km**	高山—坚硬岩石	**月**	**16.5**	**总工期**
QW2-440-1	基础工程		日	315	
QW2-440-2	组塔工程		日	172	
QW2-440-3	架线附件及验收		日	161	
QW2-441	**220kV 线路 80km**	峻岭—非硬岩石	**月**	**16.5**	**总工期**
QW2-441-1	基础工程		日	290	
QW2-441-2	组塔工程		日	181	
QW2-441-3	架线附件及验收		日	169	
QW2-442	**220kV 线路 80km**	峻岭—坚硬岩石	**月**	**17.5**	**总工期**
QW2-442-1	基础工程		日	331	
QW2-442-2	组塔工程		日	181	
QW2-442-3	架线附件及验收		日	169	

DE 2022

四、330kV 交流双回线路工程

编号	项目名称	工程特征	单位	工期	备注
QW2-443	**330kV 线路 30km**	平地—土质	月	**9.0**	总工期
QW2-443-1	基础工程		日	140	
QW2-443-2	组塔工程		日	98	
QW2-443-3	架线附件及验收		日	103	
QW2-444	**330kV 线路 30km**	平地—石质	月	**10.0**	总工期
QW2-444-1	基础工程		日	176	
QW2-444-2	组塔工程		日	98	
QW2-444-3	架线附件及验收		日	103	
QW2-445	**330kV 线路 30km**	丘陵—土质	月	**10.0**	总工期
QW2-445-1	基础工程		日	168	
QW2-445-2	组塔工程		日	112	
QW2-445-3	架线附件及验收		日	103	
QW2-446	**330kV 线路 30km**	丘陵—石质	月	**10.5**	总工期
QW2-446-1	基础工程		日	199	
QW2-446-2	组塔工程		日	112	
QW2-446-3	架线附件及验收		日	103	

续表

编号	项目名称	工程特征	单位	工期	备注
QW2-447	**330kV 线路 30km**	泥沼	**月**	**9.5**	**总工期**
QW2-447-1	基础工程		日	170	
QW2-447-2	组塔工程		日	98	
QW2-447-3	架线附件及验收		日	103	
QW2-448	**330kV 线路 30km**	河网	**月**	**10.5**	**总工期**
QW2-448-1	基础工程		日	204	
QW2-448-2	组塔工程		日	98	
QW2-448-3	架线附件及验收		日	103	
QW2-449	**330kV 线路 30km**	沙漠	**月**	**9.5**	**总工期**
QW2-449-1	基础工程		日	155	
QW2-449-2	组塔工程		日	98	
QW2-449-3	架线附件及验收		日	103	
QW2-450	**330kV 线路 30km**	山地—非硬岩石	**月**	**12.5**	**总工期**
QW2-450-1	基础工程		日	216	
QW2-450-2	组塔工程		日	131	
QW2-450-3	架线附件及验收		日	128	

续表

编号	项目名称	工程特征	单位	工期	备注
QW2-451	**330kV 线路 30km**	山地—坚硬岩石	**月**	**13.0**	**总工期**
QW2-451-1	基础工程		日	239	
QW2-451-2	组塔工程		日	131	
QW2-451-3	架线附件及验收		日	128	
QW2-452	**330kV 线路 30km**	高山—非硬岩石	**月**	**13.0**	**总工期**
QW2-452-1	基础工程		日	227	
QW2-452-2	组塔工程		日	138	
QW2-452-3	架线附件及验收		日	134	
QW2-453	**330kV 线路 30km**	高山—坚硬岩石	**月**	**13.5**	**总工期**
QW2-453-1	基础工程		日	251	
QW2-453-2	组塔工程		日	138	
QW2-453-3	架线附件及验收		日	134	
QW2-454	**330kV 线路 30km**	峻岭—非硬岩石	**月**	**13.5**	**总工期**
QW2-454-1	基础工程		日	238	
QW2-454-2	组塔工程		日	144	
QW2-454-3	架线附件及验收		日	141	

续表

编号	项目名称	工程特征	单位	工期	备注
QW2-455	**330kV 线路 30km**	峻岭—坚硬岩石	**月**	**14.0**	**总工期**
QW2-455-1	基础工程		日	264	
QW2-455-2	组塔工程		日	144	
QW2-455-3	架线附件及验收		日	141	
QW2-456	**330kV 线路 60km**	平地—土质	**月**	**11.5**	**总工期**
QW2-456-1	基础工程		日	172	
QW2-456-2	组塔工程		日	123	
QW2-456-3	架线附件及验收		日	132	
QW2-457	**330kV 线路 60km**	平地—石质	**月**	**12.0**	**总工期**
QW2-457-1	基础工程		日	209	
QW2-457-2	组塔工程		日	123	
QW2-457-3	架线附件及验收		日	132	
QW2-458	**330kV 线路 60km**	丘陵—土质	**月**	**12.5**	**总工期**
QW2-458-1	基础工程		日	203	
QW2-458-2	组塔工程		日	144	
QW2-458-3	架线附件及验收		日	132	

续表

编号	项目名称	工程特征	单位	工期	备注
QW2-459	**330kV 线路 60km**	丘陵—石质	**月**	**13.5**	总工期
QW2-459-1	基础工程		日	240	
QW2-459-2	组塔工程		日	144	
QW2-459-3	架线附件及验收		日	132	
QW2-460	**330kV 线路 60km**	泥沼	**月**	**12.0**	总工期
QW2-460-1	基础工程		日	210	
QW2-460-2	组塔工程		日	123	
QW2-460-3	架线附件及验收		日	132	
QW2-461	**330kV 线路 60km**	河网	**月**	**13.0**	总工期
QW2-461-1	基础工程		日	245	
QW2-461-2	组塔工程		日	123	
QW2-461-3	架线附件及验收		日	132	
QW2-462	**330kV 线路 60km**	沙漠	**月**	**12.0**	总工期
QW2-462-1	基础工程		日	194	
QW2-462-2	组塔工程		日	123	
QW2-462-3	架线附件及验收		日	132	

续表

编号	项目名称	工程特征	单位	工期	备注
QW2-463	**330kV 线路 60km**	山地—非硬岩石	**月**	**15.0**	总工期
QW2-463-1	基础工程		日	252	
QW2-463-2	组塔工程		日	168	
QW2-463-3	架线附件及验收		日	156	
QW2-464	**330kV 线路 60km**	山地—坚硬岩石	**月**	**15.5**	总工期
QW2-464-1	基础工程		日	278	
QW2-464-2	组塔工程		日	168	
QW2-464-3	架线附件及验收		日	156	
QW2-465	**330kV 线路 60km**	高山—非硬岩石	**月**	**16.0**	总工期
QW2-465-1	基础工程		日	264	
QW2-465-2	组塔工程		日	177	
QW2-465-3	架线附件及验收		日	164	
QW2-466	**330kV 线路 60km**	高山—坚硬岩石	**月**	**16.5**	总工期
QW2-466-1	基础工程		日	292	
QW2-466-2	组塔工程		日	177	
QW2-466-3	架线附件及验收		日	164	

续表

编号	项目名称	工程特征	单位	工期	备注
QW2-467	**330kV 线路 60km**	峻岭—非硬岩石	**月**	**16.5**	总工期
QW2-467-1	基础工程		日	278	
QW2-467-2	组塔工程		日	186	
QW2-467-3	架线附件及验收		日	172	
QW2-468	**330kV 线路 60km**	峻岭—坚硬岩石	**月**	**17.0**	总工期
QW2-468-1	基础工程		日	306	
QW2-468-2	组塔工程		日	186	
QW2-468-3	架线附件及验收		日	172	
QW2-469	**330kV 线路 90km**	平地—土质	**月**	**13.0**	总工期
QW2-469-1	基础工程		日	220	
QW2-469-2	组塔工程		日	144	
QW2-469-3	架线附件及验收		日	136	
QW2-470	**330kV 线路 90km**	平地—石质	**月**	**14.0**	总工期
QW2-470-1	基础工程		日	252	
QW2-470-2	组塔工程		日	144	
QW2-470-3	架线附件及验收		日	136	

续表

编号	项目名称	工程特征	单位	工期	备注
QW2-471	**330kV 线路 90km**	丘陵—土质	**月**	**14.5**	总工期
QW2-471-1	基础工程		日	255	
QW2-471-2	组塔工程		日	181	
QW2-471-3	架线附件及验收		日	136	
QW2-472	**330kV 线路 90km**	丘陵—石质	**月**	**15.5**	总工期
QW2-472-1	基础工程		日	297	
QW2-472-2	组塔工程		日	181	
QW2-472-3	架线附件及验收		日	136	
QW2-473	**330kV 线路 90km**	泥沼	**月**	**14.0**	总工期
QW2-473-1	基础工程		日	260	
QW2-473-2	组塔工程		日	144	
QW2-473-3	架线附件及验收		日	136	
QW2-474	**330kV 线路 90km**	河网	**月**	**14.5**	总工期
QW2-474-1	基础工程		日	292	
QW2-474-2	组塔工程		日	144	
QW2-474-3	架线附件及验收		日	136	

DE 2022

续表

编号	项目名称	工程特征	单位	工期	备注
QW2-475	**330kV 线路 90km**	沙漠	月	**14.0**	总工期
QW2-475-1	基础工程		日	251	
QW2-475-2	组塔工程		日	144	
QW2-475-3	架线附件及验收		日	136	
QW2-476	**330kV 线路 90km**	山地—非硬岩石	月	**17.5**	总工期
QW2-476-1	基础工程		日	324	
QW2-476-2	组塔工程		日	193	
QW2-476-3	架线附件及验收		日	168	
QW2-477	**330kV 线路 90km**	山地—坚硬岩石	月	**18.5**	总工期
QW2-477-1	基础工程		日	369	
QW2-477-2	组塔工程		日	193	
QW2-477-3	架线附件及验收		日	168	
QW2-478	**330kV 线路 90km**	高山—非硬岩石	月	**18.5**	总工期
QW2-478-1	基础工程		日	340	

续表

编号	项目名称	工程特征	单位	工期	备注
QW2-478-2	组塔工程	高山—非硬岩石	日	202	
QW2-478-3	架线附件及验收		日	177	
QW2-479	**330kV 线路 90km**	高山—坚硬岩石	**月**	**19.5**	**总工期**
QW2-479-1	基础工程		日	387	
QW2-479-2	组塔工程		日	202	
QW2-479-3	架线附件及验收		日	177	
QW2-480	**330kV 线路 90km**	峻岭—非硬岩石	**月**	**19.5**	**总工期**
QW2-480-1	基础工程		日	357	
QW2-480-2	组塔工程		日	213	
QW2-480-3	架线附件及验收		日	186	
QW2-481	**330kV 线路 90km**	峻岭—坚硬岩石	**月**	**20.5**	**总工期**
QW2-481-1	基础工程		日	406	
QW2-481-2	组塔工程		日	213	
QW2-481-3	架线附件及验收		日	186	

五、500kV 交流双回线路工程

编号	项目名称	工程特征	单位	工期	备注
QW2-482	**500kV 线路 30km**	平地—土质	**月**	**10.0**	总工期
QW2-482-1	基础工程		日	159	
QW2-482-2	组塔工程		日	117	
QW2-482-3	架线附件及验收		日	110	
QW2-483	**500kV 线路 30km**	平地—石质	**月**	**11.0**	总工期
QW2-483-1	基础工程		日	191	
QW2-483-2	组塔工程		日	117	
QW2-483-3	架线附件及验收		日	110	
QW2-484	**500kV 线路 30km**	丘陵—土质	**月**	**11.0**	总工期
QW2-484-1	基础工程		日	178	
QW2-484-2	组塔工程		日	136	
QW2-484-3	架线附件及验收		日	110	
QW2-485	**500kV 线路 30km**	丘陵—石质	**月**	**12.0**	总工期
QW2-485-1	基础工程		日	215	
QW2-485-2	组塔工程		日	136	
QW2-485-3	架线附件及验收		日	110	

续表

编号	项目名称	工程特征	单位	工期	备注
QW2-486	**500kV 线路 30km**	泥沼	**月**	**11.0**	**总工期**
QW2-486-1	基础工程		日	193	
QW2-486-2	组塔工程		日	117	
QW2-486-3	架线附件及验收		日	110	
QW2-487	**500kV 线路 30km**	河网	**月**	**12.0**	**总工期**
QW2-487-1	基础工程		日	230	
QW2-487-2	组塔工程		日	117	
QW2-487-3	架线附件及验收		日	110	
QW2-488	**500kV 线路 30km**	沙漠	**月**	**10.5**	**总工期**
QW2-488-1	基础工程		日	173	
QW2-488-2	组塔工程		日	117	
QW2-488-3	架线附件及验收		日	110	
QW2-489	**500kV 线路 30km**	山地—非硬岩石	**月**	**13.5**	**总工期**
QW2-489-1	基础工程		日	241	
QW2-489-2	组塔工程		日	150	
QW2-489-3	架线附件及验收		日	131	

续表

编号	项目名称	工程特征	单位	工期	备注
QW2-490	**500kV 线路 30km**	山地—坚硬岩石	**月**	**14.0**	总工期
QW2-490-1	基础工程		日	267	
QW2-490-2	组塔工程		日	150	
QW2-490-3	架线附件及验收		日	131	
QW2-491	**500kV 线路 30km**	高山—非硬岩石	**月**	**14.0**	总工期
QW2-491-1	基础工程		日	253	
QW2-491-2	组塔工程		日	157	
QW2-491-3	架线附件及验收		日	138	
QW2-492	**500kV 线路 30km**	高山—坚硬岩石	**月**	**15.0**	总工期
QW2-492-1	基础工程		日	280	
QW2-492-2	组塔工程		日	157	
QW2-492-3	架线附件及验收		日	138	
QW2-493	**500kV 线路 30km**	峻岭—非硬岩石	**月**	**15.0**	总工期
QW2-493-1	基础工程		日	265	
QW2-493-2	组塔工程		日	165	
QW2-493-3	架线附件及验收		日	144	

续表

编号	项目名称	工程特征	单位	工期	备注
QW2-494	**500kV 线路 30km**	峻岭—坚硬岩石	**月**	**15.5**	**总工期**
QW2-494-1	基础工程		日	294	
QW2-494-2	组塔工程		日	165	
QW2-494-3	架线附件及验收		日	144	
QW2-495	**500kV 线路 60km**	平地—土质	**月**	**13.0**	**总工期**
QW2-495-1	基础工程		日	200	
QW2-495-2	组塔工程		日	153	
QW2-495-3	架线附件及验收		日	139	
QW2-496	**500kV 线路 60km**	平地—石质	**月**	**14.0**	**总工期**
QW2-496-1	基础工程		日	244	
QW2-496-2	组塔工程		日	153	
QW2-496-3	架线附件及验收		日	139	
QW2-497	**500kV 线路 60km**	丘陵—土质	**月**	**14.0**	**总工期**
QW2-497-1	基础工程		日	230	
QW2-497-2	组塔工程		日	171	
QW2-497-3	架线附件及验收		日	139	

续表

编号	项目名称	工程特征	单位	工期	备注
QW2-498	**500kV 线路 60km**	丘陵—石质	**月**	**15.0**	**总工期**
QW2-498-1	基础工程		日	267	
QW2-498-2	组塔工程		日	171	
QW2-498-3	架线附件及验收		日	139	
QW2-499	**500kV 线路 60km**	泥沼	**月**	**14.5**	**总工期**
QW2-499-1	基础工程		日	262	
QW2-499-2	组塔工程		日	153	
QW2-499-3	架线附件及验收		日	139	
QW2-500	**500kV 线路 60km**	河网	**月**	**15.0**	**总工期**
QW2-500-1	基础工程		日	290	
QW2-500-2	组塔工程		日	153	
QW2-500-3	架线附件及验收		日	139	
QW2-501	**500kV 线路 60km**	沙漠	**月**	**13.5**	**总工期**
QW2-501-1	基础工程		日	216	
QW2-501-2	组塔工程		日	153	
QW2-501-3	架线附件及验收		日	139	

续表

编号	项目名称	工程特征	单位	工期	备注
QW2-502	**500kV 线路 60km**	山地—非硬岩石	**月**	**17.5**	**总工期**
QW2-502-1	基础工程		日	294	
QW2-502-2	组塔工程		日	218	
QW2-502-3	架线附件及验收		日	159	
QW2-503	**500kV 线路 60km**	山地—坚硬岩石	**月**	**18.0**	**总工期**
QW2-503-1	基础工程		日	331	
QW2-503-2	组塔工程		日	218	
QW2-503-3	架线附件及验收		日	159	
QW2-504	**500kV 线路 60km**	高山—非硬岩石	**月**	**18.0**	**总工期**
QW2-504-1	基础工程		日	309	
QW2-504-2	组塔工程		日	229	
QW2-504-3	架线附件及验收		日	167	
QW2-505	**500kV 线路 60km**	高山—坚硬岩石	**月**	**19.0**	**总工期**
QW2-505-1	基础工程		日	348	
QW2-505-2	组塔工程		日	229	
QW2-505-3	架线附件及验收		日	167	

DE 2022

续表

编号	项目名称	工程特征	单位	工期	备注
QW2-506	**500kV 线路 60km**	峻岭—非硬岩石	月	**19.0**	总工期
QW2-506-1	基础工程		日	325	
QW2-506-2	组塔工程		日	240	
QW2-506-3	架线附件及验收		日	175	
QW2-507	**500kV 线路 60km**	峻岭—坚硬岩石	月	**20.0**	总工期
QW2-507-1	基础工程		日	365	
QW2-507-2	组塔工程		日	240	
QW2-507-3	架线附件及验收		日	175	
QW2-508	**500kV 线路 90km**	平地—土质	月	**14.5**	总工期
QW2-508-1	基础工程		日	244	
QW2-508-2	组塔工程		日	181	
QW2-508-3	架线附件及验收		日	139	
QW2-509	**500kV 线路 90km**	平地—石质	月	**15.5**	总工期
QW2-509-1	基础工程		日	288	
QW2-509-2	组塔工程		日	181	
QW2-509-3	架线附件及验收		日	139	

续表

编号	项目名称	工程特征	单位	工期	备注
QW2-510	**500kV 线路 90km**	丘陵—土质	**月**	**16.0**	**总工期**
QW2-510-1	基础工程		日	290	
QW2-510-2	组塔工程		日	206	
QW2-510-3	架线附件及验收		日	139	
QW2-511	**500kV 线路 90km**	丘陵—石质	**月**	**17.0**	**总工期**
QW2-511-1	基础工程		日	329	
QW2-511-2	组塔工程		日	206	
QW2-511-3	架线附件及验收		日	139	
QW2-512	**500kV 线路 90km**	泥沼	**月**	**16.5**	**总工期**
QW2-512-1	基础工程		日	332	
QW2-512-2	组塔工程		日	181	
QW2-512-3	架线附件及验收		日	139	
QW2-513	**500kV 线路 90km**	河网	**月**	**17.0**	**总工期**
QW2-513-1	基础工程		日	353	
QW2-513-2	组塔工程		日	181	
QW2-513-3	架线附件及验收		日	139	

续表

编号	项目名称	工程特征	单位	工期	备注
QW2-514	**500kV 线路 90km**	沙漠	**月**	**15.0**	总工期
QW2-514-1	基础工程		日	254	
QW2-514-2	组塔工程		日	181	
QW2-514-3	架线附件及验收		日	139	
QW2-515	**500kV 线路 90km**	山地—非硬岩石	**月**	**20.5**	总工期
QW2-515-1	基础工程		日	363	
QW2-515-2	组塔工程		日	240	
QW2-515-3	架线附件及验收		日	186	
QW2-516	**500kV 线路 90km**	山地—坚硬岩石	**月**	**21.0**	总工期
QW2-516-1	基础工程		日	405	
QW2-516-2	组塔工程		日	240	
QW2-516-3	架线附件及验收		日	186	
QW2-517	**500kV 线路 90km**	高山—非硬岩石	**月**	**21.5**	总工期
QW2-517-1	基础工程		日	382	

续表

编号	项目名称	工程特征	单位	工期	备注
QW2-517-2	组塔工程	高山—非硬岩石	日	252	
QW2-517-3	架线附件及验收		日	195	
QW2-518	**500kV 线路 90km**	高山—坚硬岩石	**月**	**22.5**	**总工期**
QW2-518-1	基础工程		日	425	
QW2-518-2	组塔工程		日	252	
QW2-518-3	架线附件及验收		日	195	
QW2-519	**500kV 线路 90km**	峻岭—非硬岩石	**月**	**22.5**	**总工期**
QW2-519-1	基础工程		日	401	
QW2-519-2	组塔工程		日	264	
QW2-519-3	架线附件及验收		日	205	
QW2-520	**500kV 线路 90km**	峻岭—坚硬岩石	**月**	**23.5**	**总工期**
QW2-520-1	基础工程		日	446	
QW2-520-2	组塔工程		日	264	
QW2-520-3	架线附件及验收		日	205	

六、750kV 交流双回线路工程

编号	项目名称	工程特征	单位	工期	备注
QW2-521	**750kV 线路 60km**	平地—土质	月	**13.5**	总工期
QW2-521-1	基础工程		日	217	
QW2-521-2	组塔工程		日	157	
QW2-521-3	架线附件及验收		日	146	
QW2-522	**750kV 线路 60km**	平地—石质	月	**14.5**	总工期
QW2-522-1	基础工程		日	252	
QW2-522-2	组塔工程		日	157	
QW2-522-3	架线附件及验收		日	146	
QW2-523	**750kV 线路 60km**	丘陵—土质	月	**15.0**	总工期
QW2-523-1	基础工程		日	240	
QW2-523-2	组塔工程		日	186	
QW2-523-3	架线附件及验收		日	146	
QW2-524	**750kV 线路 60km**	丘陵—石质	月	**16.0**	总工期
QW2-524-1	基础工程		日	293	
QW2-524-2	组塔工程		日	186	
QW2-524-3	架线附件及验收		日	146	

续表

编号	项目名称	工程特征	单位	工期	备注
QW2-525	**750kV 线路 60km**	泥沼	**月**	**15.0**	总工期
QW2-525-1	基础工程		日	280	
QW2-525-2	组塔工程		日	157	
QW2-525-3	架线附件及验收		日	146	
QW2-526	**750kV 线路 60km**	河网	**月**	**15.5**	总工期
QW2-526-1	基础工程		日	307	
QW2-526-2	组塔工程		日	157	
QW2-526-3	架线附件及验收		日	146	
QW2-527	**750kV 线路 60km**	沙漠	**月**	**14.0**	总工期
QW2-527-1	基础工程		日	238	
QW2-527-2	组塔工程		日	157	
QW2-527-3	架线附件及验收		日	146	
QW2-528	**750kV 线路 60km**	山地—非硬岩石	**月**	**18.5**	总工期
QW2-528-1	基础工程		日	317	
QW2-528-2	组塔工程		日	221	
QW2-528-3	架线附件及验收		日	181	

续表

编号	项目名称	工程特征	单位	工期	备注
QW2-529	**750kV 线路 60km**	山地—坚硬岩石	**月**	**20.0**	总工期
QW2-529-1	基础工程		日	371	
QW2-529-2	组塔工程		日	221	
QW2-529-3	架线附件及验收		日	181	
QW2-530	**750kV 线路 60km**	高山—非硬岩石	**月**	**19.5**	总工期
QW2-530-1	基础工程		日	333	
QW2-530-2	组塔工程		日	232	
QW2-530-3	架线附件及验收		日	190	
QW2-531	**750kV 线路 60km**	高山—坚硬岩石	**月**	**21.0**	总工期
QW2-531-1	基础工程		日	389	
QW2-531-2	组塔工程		日	232	
QW2-531-3	架线附件及验收		日	190	
QW2-532	**750kV 线路 60km**	峻岭—非硬岩石	**月**	**20.5**	总工期
QW2-532-1	基础工程		日	350	
QW2-532-2	组塔工程		日	244	
QW2-532-3	架线附件及验收		日	199	

续表

编号	项目名称	工程特征	单位	工期	备注
QW2-533	**750kV 线路 60km**	峻岭—坚硬岩石	**月**	**22.0**	总工期
QW2-533-1	基础工程		日	408	
QW2-533-2	组塔工程		日	244	
QW2-533-3	架线附件及验收		日	199	
QW2-534	**750kV 线路 90km**	平地—土质	**月**	**16.0**	总工期
QW2-534-1	基础工程		日	268	
QW2-534-2	组塔工程		日	183	
QW2-534-3	架线附件及验收		日	162	
QW2-535	**750kV 线路 90km**	平地—石质	**月**	**17.0**	总工期
QW2-535-1	基础工程		日	311	
QW2-535-2	组塔工程		日	183	
QW2-535-3	架线附件及验收		日	162	
QW2-536	**750kV 线路 90km**	丘陵—土质	**月**	**17.5**	总工期
QW2-536-1	基础工程		日	304	
QW2-536-2	组塔工程		日	207	
QW2-536-3	架线附件及验收		日	162	

续表

编号	项目名称	工程特征	单位	工期	备注
QW2-537	**750kV 线路 90km**	丘陵—石质	月	**18.5**	总工期
QW2-537-1	基础工程		日	358	
QW2-537-2	组塔工程		日	207	
QW2-537-3	架线附件及验收		日	162	
QW2-538	**750kV 线路 90km**	泥沼	月	**17.5**	总工期
QW2-538-1	基础工程		日	338	
QW2-538-2	组塔工程		日	183	
QW2-538-3	架线附件及验收		日	162	
QW2-539	**750kV 线路 90km**	河网	月	**18.0**	总工期
QW2-539-1	基础工程		日	367	
QW2-539-2	组塔工程		日	183	
QW2-539-3	架线附件及验收		日	162	
QW2-540	**750kV 线路 90km**	沙漠	月	**16.5**	总工期
QW2-540-1	基础工程		日	285	
QW2-540-2	组塔工程		日	183	
QW2-540-3	架线附件及验收		日	162	

续表

编号	项目名称	工程特征	单位	工期	备注
QW2-541	**750kV 线路 90km**	山地—非硬岩石	**月**	**22.0**	**总工期**
QW2-541-1	基础工程		日	387	
QW2-541-2	组塔工程		日	250	
QW2-541-3	架线附件及验收		日	211	
QW2-542	**750kV 线路 90km**	山地—坚硬岩石	**月**	**22.5**	**总工期**
QW2-542-1	基础工程		日	418	
QW2-542-2	组塔工程		日	250	
QW2-542-3	架线附件及验收		日	211	
QW2-543	**750kV 线路 90km**	高山—非硬岩石	**月**	**23.0**	**总工期**
QW2-543-1	基础工程		日	407	
QW2-543-2	组塔工程		日	262	
QW2-543-3	架线附件及验收		日	221	
QW2-544	**750kV 线路 90km**	高山—坚硬岩石	**月**	**23.5**	**总工期**
QW2-544-1	基础工程		日	439	
QW2-544-2	组塔工程		日	262	
QW2-544-3	架线附件及验收		日	221	

续表

编号	项目名称	工程特征	单位	工期	备注
QW2-545	**750kV 线路 90km**	峻岭—非硬岩石	**月**	**24.0**	总工期
QW2-545-1	基础工程		日	427	
QW2-545-2	组塔工程		日	275	
QW2-545-3	架线附件及验收		日	232	
QW2-546	**750kV 线路 90km**	峻岭—坚硬岩石	**月**	**25.0**	总工期
QW2-546-1	基础工程		日	461	
QW2-546-2	组塔工程		日	275	
QW2-546-3	架线附件及验收		日	232	
QW2-547	**750kV 线路 120km**	平地—土质	**月**	**18.5**	总工期
QW2-547-1	基础工程		日	299	
QW2-547-2	组塔工程		日	229	
QW2-547-3	架线附件及验收		日	178	
QW2-548	**750kV 线路 120km**	平地—石质	**月**	**20.0**	总工期
QW2-548-1	基础工程		日	370	
QW2-548-2	组塔工程		日	229	
QW2-548-3	架线附件及验收		日	178	

续表

编号	项目名称	工程特征	单位	工期	备注
QW2-549	**750kV 线路 120km**	丘陵—土质	**月**	**19.5**	**总工期**
QW2-549-1	基础工程		日	334	
QW2-549-2	组塔工程		日	256	
QW2-549-3	架线附件及验收		日	178	
QW2-550	**750kV 线路 120km**	丘陵—石质	**月**	**21.5**	**总工期**
QW2-550-1	基础工程		日	418	
QW2-550-2	组塔工程		日	256	
QW2-550-3	架线附件及验收		日	178	
QW2-551	**750kV 线路 120km**	泥沼	**月**	**20.5**	**总工期**
QW2-551-1	基础工程		日	394	
QW2-551-2	组塔工程		日	229	
QW2-551-3	架线附件及验收		日	178	
QW2-552	**750kV 线路 120km**	河网	**月**	**21.5**	**总工期**
QW2-552-1	基础工程		日	439	
QW2-552-2	组塔工程		日	229	
QW2-552-3	架线附件及验收		日	178	

续表

编号	项目名称	工程特征	单位	工期	备注
QW2-553	**750kV 线路 120km**	沙漠	月	**19.0**	总工期
QW2-553-1	基础工程		日	320	
QW2-553-2	组塔工程		日	229	
QW2-553-3	架线附件及验收		日	178	
QW2-554	**750kV 线路 120km**	山地—非硬岩石	月	**25.0**	总工期
QW2-554-1	基础工程		日	432	
QW2-554-2	组塔工程		日	307	
QW2-554-3	架线附件及验收		日	227	
QW2-555	**750kV 线路 120km**	山地—坚硬岩石	月	**27.0**	总工期
QW2-555-1	基础工程		日	523	
QW2-555-2	组塔工程		日	307	
QW2-555-3	架线附件及验收		日	227	
QW2-556	**750kV 线路 120km**	高山—非硬岩石	月	**26.0**	总工期
QW2-556-1	基础工程		日	454	

续表

编号	项目名称	工程特征	单位	工期	备注
QW2-556-2	组塔工程	高山—非硬岩石	日	323	
QW2-556-3	架线附件及验收		日	238	
QW2-557	**750kV 线路 120km**	高山—坚硬岩石	**月**	**28.5**	**总工期**
QW2-557-1	基础工程		日	549	
QW2-557-2	组塔工程		日	323	
QW2-557-3	架线附件及验收		日	238	
QW2-558	**750kV 线路 120km**	峻岭—非硬岩石	**月**	**27.5**	**总工期**
QW2-558-1	基础工程		日	477	
QW2-558-2	组塔工程		日	339	
QW2-558-3	架线附件及验收		日	250	
QW2-559	**750kV 线路 120km**	峻岭—坚硬岩石	**月**	**29.5**	**总工期**
QW2-559-1	基础工程		日	576	
QW2-559-2	组塔工程		日	339	
QW2-559-3	架线附件及验收		日	250	

七、1000kV 交流双回线路工程

编号	项目名称	工程特征	单位	工期	备注
QW2-560	**1000kV 线路 30km**	平地—土质	**月**	**14.0**	总工期
QW2-560-1	基础工程		日	200	
QW2-560-2	组塔工程		日	165	
QW2-560-3	架线附件及验收		日	162	
QW2-561	**1000kV 线路 30km**	平地—石质	**月**	**15.0**	总工期
QW2-561-1	基础工程		日	251	
QW2-561-2	组塔工程		日	165	
QW2-561-3	架线附件及验收		日	162	
QW2-562	**1000kV 线路 30km**	丘陵—土质	**月**	**15.5**	总工期
QW2-562-1	基础工程		日	238	
QW2-562-2	组塔工程		日	196	
QW2-562-3	架线附件及验收		日	162	
QW2-563	**1000kV 线路 30km**	丘陵—石质	**月**	**17.0**	总工期
QW2-563-1	基础工程		日	291	
QW2-563-2	组塔工程		日	196	
QW2-563-3	架线附件及验收		日	162	

续表

编号	项目名称	工程特征	单位	工期	备注
QW2-564	**1000kV 线路 30km**	泥沼	**月**	**15.5**	**总工期**
QW2-564-1	基础工程		日	271	
QW2-564-2	组塔工程		日	165	
QW2-564-3	架线附件及验收		日	162	
QW2-565	**1000kV 线路 30km**	河网	**月**	**16.5**	**总工期**
QW2-565-1	基础工程		日	307	
QW2-565-2	组塔工程		日	165	
QW2-565-3	架线附件及验收		日	162	
QW2-566	**1000kV 线路 30km**	沙漠	**月**	**14.5**	**总工期**
QW2-566-1	基础工程		日	235	
QW2-566-2	组塔工程		日	165	
QW2-566-3	架线附件及验收		日	162	
QW2-567	**1000kV 线路 30km**	山地—非硬岩石	**月**	**19.5**	**总工期**
QW2-567-1	基础工程		日	309	
QW2-567-2	组塔工程		日	232	
QW2-567-3	架线附件及验收		日	199	

DE 2022

续表

编号	项目名称	工程特征	单位	工期	备注
QW2-568	**1000kV 线路 30km**	山地—坚硬岩石	月	**21.0**	总工期
QW2-568-1	基础工程		日	377	
QW2-568-2	组塔工程		日	232	
QW2-568-3	架线附件及验收		日	199	
QW2-569	**1000kV 线路 30km**	高山—非硬岩石	月	**20.0**	总工期
QW2-569-1	基础工程		日	325	
QW2-569-2	组塔工程		日	244	
QW2-569-3	架线附件及验收		日	209	
QW2-570	**1000kV 线路 30km**	高山—坚硬岩石	月	**22.0**	总工期
QW2-570-1	基础工程		日	396	
QW2-570-2	组塔工程		日	244	
QW2-570-3	架线附件及验收		日	209	
QW2-571	**1000kV 线路 30km**	峻岭—非硬岩石	月	**21.0**	总工期
QW2-571-1	基础工程		日	341	
QW2-571-2	组塔工程		日	256	
QW2-571-3	架线附件及验收		日	219	

续表

编号	项目名称	工程特征	单位	工期	备注
QW2-572	**1000kV 线路 30km**	峻岭—坚硬岩石	**月**	**23.0**	**总工期**
QW2-572-1	基础工程		日	415	
QW2-572-2	组塔工程		日	256	
QW2-572-3	架线附件及验收		日	219	
QW2-573	**1000kV 线路 50km**	平地—土质	**月**	**15.5**	**总工期**
QW2-573-1	基础工程		日	225	
QW2-573-2	组塔工程		日	185	
QW2-573-3	架线附件及验收		日	173	
QW2-574	**1000kV 线路 50km**	平地—石质	**月**	**16.5**	**总工期**
QW2-574-1	基础工程		日	282	
QW2-574-2	组塔工程		日	185	
QW2-574-3	架线附件及验收		日	173	
QW2-575	**1000kV 线路 50km**	丘陵—土质	**月**	**17.0**	**总工期**
QW2-575-1	基础工程		日	268	
QW2-575-2	组塔工程		日	220	
QW2-575-3	架线附件及验收		日	173	

续表

编号	项目名称	工程特征	单位	工期	备注
QW2-576	**1000kV 线路 50km**	丘陵—石质	**月**	**18.5**	总工期
QW2-576-1	基础工程		日	327	
QW2-576-2	组塔工程		日	220	
QW2-576-3	架线附件及验收		日	173	
QW2-577	**1000kV 线路 50km**	泥沼	**月**	**17.0**	总工期
QW2-577-1	基础工程		日	304	
QW2-577-2	组塔工程		日	185	
QW2-577-3	架线附件及验收		日	173	
QW2-578	**1000kV 线路 50km**	河网	**月**	**18.0**	总工期
QW2-578-1	基础工程		日	345	
QW2-578-2	组塔工程		日	185	
QW2-578-3	架线附件及验收		日	173	
QW2-579	**1000kV 线路 50km**	沙漠	**月**	**16.0**	总工期
QW2-579-1	基础工程		日	264	
QW2-579-2	组塔工程		日	185	
QW2-579-3	架线附件及验收		日	173	

续表

编号	项目名称	工程特征	单位	工期	备注
QW2-580	**1000kV 线路 50km**	山地—非硬岩石	**月**	**21.0**	**总工期**
QW2-580-1	基础工程		日	348	
QW2-580-2	组塔工程		日	261	
QW2-580-3	架线附件及验收		日	212	
QW2-581	**1000kV 线路 50km**	山地—坚硬岩石	**月**	**23.0**	**总工期**
QW2-581-1	基础工程		日	423	
QW2-581-2	组塔工程		日	261	
QW2-581-3	架线附件及验收		日	212	
QW2-582	**1000kV 线路 50km**	高山—非硬岩石	**月**	**22.5**	**总工期**
QW2-582-1	基础工程		日	365	
QW2-582-2	组塔工程		日	274	
QW2-582-3	架线附件及验收		日	222	
QW2-583	**1000kV 线路 50km**	高山—坚硬岩石	**月**	**24.0**	**总工期**
QW2-583-1	基础工程		日	444	
QW2-583-2	组塔工程		日	274	
QW2-583-3	架线附件及验收		日	222	

续表

编号	项目名称	工程特征	单位	工期	备注
QW2-584	**1000kV 线路 50km**	峻岭—非硬岩石	**月**	**23.5**	总工期
QW2-584-1	基础工程		日	383	
QW2-584-2	组塔工程		日	287	
QW2-584-3	架线附件及验收		日	233	
QW2-585	**1000kV 线路 50km**	峻岭—坚硬岩石	**月**	**25.5**	总工期
QW2-585-1	基础工程		日	467	
QW2-585-2	组塔工程		日	287	
QW2-585-3	架线附件及验收		日	233	
QW2-586	**1000kV 线路 70km**	平地—土质	**月**	**17.0**	总工期
QW2-586-1	基础工程		日	247	
QW2-586-2	组塔工程		日	204	
QW2-586-3	架线附件及验收		日	190	
QW2-587	**1000kV 线路 70km**	平地—石质	**月**	**18.5**	总工期
QW2-587-1	基础工程		日	310	
QW2-587-2	组塔工程		日	204	
QW2-587-3	架线附件及验收		日	190	

续表

编号	项目名称	工程特征	单位	工期	备注
QW2-588	**1000kV 线路 70km**	丘陵—土质	**月**	**19.0**	**总工期**
QW2-588-1	基础工程		日	294	
QW2-588-2	组塔工程		日	242	
QW2-588-3	架线附件及验收		日	190	
QW2-589	**1000kV 线路 70km**	丘陵—石质	**月**	**20.5**	**总工期**
QW2-589-1	基础工程		日	360	
QW2-589-2	组塔工程		日	242	
QW2-589-3	架线附件及验收		日	190	
QW2-590	**1000kV 线路 70km**	泥沼	**月**	**19.0**	**总工期**
QW2-590-1	基础工程		日	335	
QW2-590-2	组塔工程		日	204	
QW2-590-3	架线附件及验收		日	190	
QW2-591	**1000kV 线路 70km**	河网	**月**	**20.0**	**总工期**
QW2-591-1	基础工程		日	380	
QW2-591-2	组塔工程		日	204	
QW2-591-3	架线附件及验收		日	190	

续表

编号	项目名称	工程特征	单位	工期	备注
QW2-592	**1000kV 线路 70km**	沙漠	**月**	**18.0**	**总工期**
QW2-592-1	基础工程		日	291	
QW2-592-2	组塔工程		日	204	
QW2-592-3	架线附件及验收		日	190	
QW2-593	**1000kV 线路 70km**	山地—非硬岩石	**月**	**23.5**	**总工期**
QW2-593-1	基础工程		日	382	
QW2-593-2	组塔工程		日	287	
QW2-593-3	架线附件及验收		日	233	
QW2-594	**1000kV 线路 70km**	山地—坚硬岩石	**月**	**25.5**	**总工期**
QW2-594-1	基础工程		日	466	
QW2-594-2	组塔工程		日	287	
QW2-594-3	架线附件及验收		日	233	
QW2-595	**1000kV 线路 70km**	高山—非硬岩石	**月**	**24.5**	**总工期**
QW2-595-1	基础工程		日	401	

续表

编号	项目名称	工程特征	单位	工期	备注
QW2-595-2	组塔工程	高山—非硬岩石	日	301	
QW2-595-3	架线附件及验收		日	245	
QW2-596	**1000kV 线路 70km**	高山—坚硬岩石	**月**	**26.5**	**总工期**
QW2-596-1	基础工程		日	489	
QW2-596-2	组塔工程		日	301	
QW2-596-3	架线附件及验收		日	245	
QW2-597	**1000kV 线路 70km**	峻岭—非硬岩石	**月**	**26.0**	**总工期**
QW2-597-1	基础工程		日	421	
QW2-597-2	组塔工程		日	316	
QW2-597-3	架线附件及验收		日	257	
QW2-598	**1000kV 线路 70km**	峻岭—坚硬岩石	**月**	**28.0**	**总工期**
QW2-598-1	基础工程		日	513	
QW2-598-2	组塔工程		日	316	
QW2-598-3	架线附件及验收		日	257	

DE 2022

第三节　直流线路工程

一、±500kV 直流线路工程

编号	项目名称	工程特征	单位	工期	备注
QW2-599	**±500kV 线路 80km**	平地—土质	**月**	**12.5**	总工期
QW2-599-1	基础工程		日	240	
QW2-599-2	组塔工程		日	130	
QW2-599-3	架线附件及验收		日	114	
QW2-600	**±500kV 线路 80km**	平地—石质	**月**	**13.0**	总工期
QW2-600-1	基础工程		日	275	
QW2-600-2	组塔工程		日	130	
QW2-600-3	架线附件及验收		日	114	
QW2-601	**±500kV 线路 80km**	丘陵—土质	**月**	**13.5**	总工期
QW2-601-1	基础工程		日	253	
QW2-601-2	组塔工程		日	155	
QW2-601-3	架线附件及验收		日	114	

续表

编号	项目名称	工程特征	单位	工期	备注
QW2-602	**±500kV 线路 80km**	丘陵—石质	**月**	**14.5**	**总工期**
QW2-602-1	基础工程		日	309	
QW2-602-2	组塔工程		日	155	
QW2-602-3	架线附件及验收		日	114	
QW2-603	**±500kV 线路 80km**	泥沼	**月**	**14.0**	**总工期**
QW2-603-1	基础工程		日	305	
QW2-603-2	组塔工程		日	130	
QW2-603-3	架线附件及验收		日	114	
QW2-604	**±500kV 线路 80km**	河网	**月**	**15.0**	**总工期**
QW2-604-1	基础工程		日	339	
QW2-604-2	组塔工程		日	130	
QW2-604-3	架线附件及验收		日	114	
QW2-605	**±500kV 线路 80km**	沙漠	**月**	**12.5**	**总工期**
QW2-605-1	基础工程		日	248	
QW2-605-2	组塔工程		日	130	
QW2-605-3	架线附件及验收		日	114	

续表

编号	项目名称	工程特征	单位	工期	备注
QW2-606	**±500kV 线路 80km**	山地— 非硬岩石	月	**16.5**	总工期
QW2-606-1	基础工程		日	342	
QW2-606-2	组塔工程		日	182	
QW2-606-3	架线附件及验收		日	133	
QW2-607	**±500kV 线路 80km**	山地— 坚硬岩石	月	**17.5**	总工期
QW2-607-1	基础工程		日	376	
QW2-607-2	组塔工程		日	182	
QW2-607-3	架线附件及验收		日	133	
QW2-608	**±500kV 线路 80km**	高山— 非硬岩石	月	**17.5**	总工期
QW2-608-1	基础工程		日	359	
QW2-608-2	组塔工程		日	191	
QW2-608-3	架线附件及验收		日	139	
QW2-609	**±500kV 线路 80km**	高山— 坚硬岩石	月	**18.5**	总工期
QW2-609-1	基础工程		日	395	
QW2-609-2	组塔工程		日	191	
QW2-609-3	架线附件及验收		日	139	

续表

编号	项目名称	工程特征	单位	工期	备注
QW2-610	**±500kV 线路 80km**	峻岭—非硬岩石	**月**	**18.5**	**总工期**
QW2-610-1	基础工程		日	377	
QW2-610-2	组塔工程		日	200	
QW2-610-3	架线附件及验收		日	146	
QW2-611	**±500kV 线路 80km**	峻岭—坚硬岩石	**月**	**19.0**	**总工期**
QW2-611-1	基础工程		日	415	
QW2-611-2	组塔工程		日	200	
QW2-611-3	架线附件及验收		日	146	
QW2-612	**±500kV 线路 120km**	平地—土质	**月**	**14.0**	**总工期**
QW2-612-1	基础工程		日	251	
QW2-612-2	组塔工程		日	151	
QW2-612-3	架线附件及验收		日	144	
QW2-613	**±500kV 线路 120km**	平地—石质	**月**	**15.0**	**总工期**
QW2-613-1	基础工程		日	281	
QW2-613-2	组塔工程		日	151	
QW2-613-3	架线附件及验收		日	144	

续表

编号	项目名称	工程特征	单位	工期	备注
QW2-614	**±500kV 线路 120km**	丘陵—土质	**月**	**15.0**	总工期
QW2-614-1	基础工程		日	262	
QW2-614-2	组塔工程		日	176	
QW2-614-3	架线附件及验收		日	144	
QW2-615	**±500kV 线路 120km**	丘陵—石质	**月**	**16.5**	总工期
QW2-615-1	基础工程		日	317	
QW2-615-2	组塔工程		日	176	
QW2-615-3	架线附件及验收		日	144	
QW2-616	**±500kV 线路 120km**	泥沼	**月**	**15.5**	总工期
QW2-616-1	基础工程		日	316	
QW2-616-2	组塔工程		日	151	
QW2-616-3	架线附件及验收		日	144	
QW2-617	**±500kV 线路 120km**	河网	**月**	**16.5**	总工期
QW2-617-1	基础工程		日	353	
QW2-617-2	组塔工程		日	151	
QW2-617-3	架线附件及验收		日	144	

续表

编号	项目名称	工程特征	单位	工期	备注
QW2-618	**±500kV 线路 120km**	沙漠	**月**	**14.5**	**总工期**
QW2-618-1	基础工程		日	259	
QW2-618-2	组塔工程		日	151	
QW2-618-3	架线附件及验收		日	144	
QW2-619	**±500kV 线路 120km**	山地—非硬岩石	**月**	**19.0**	**总工期**
QW2-619-1	基础工程		日	350	
QW2-619-2	组塔工程		日	210	
QW2-619-3	架线附件及验收		日	183	
QW2-620	**±500kV 线路 120km**	山地—坚硬岩石	**月**	**20.0**	**总工期**
QW2-620-1	基础工程		日	385	
QW2-620-2	组塔工程		日	210	
QW2-620-3	架线附件及验收		日	183	
QW2-621	**±500kV 线路 120km**	高山—非硬岩石	**月**	**20.0**	**总工期**
QW2-621-1	基础工程		日	367	

续表

编号	项目名称	工程特征	单位	工期	备注
QW2-621-2	组塔工程	高山—非硬岩石	日	221	
QW2-621-3	架线附件及验收		日	192	
QW2-622	**±500kV 线路 120km**	高山—坚硬岩石	**月**	**21.0**	**总工期**
QW2-622-1	基础工程		日	405	
QW2-622-2	组塔工程		日	221	
QW2-622-3	架线附件及验收		日	192	
QW2-623	**±500kV 线路 120km**	峻岭—非硬岩石	**月**	**21.0**	**总工期**
QW2-623-1	基础工程		日	386	
QW2-623-2	组塔工程		日	232	
QW2-623-3	架线附件及验收		日	201	
QW2-624	**±500kV 线路 120km**	峻岭—坚硬岩石	**月**	**22.0**	**总工期**
QW2-624-1	基础工程		日	425	
QW2-624-2	组塔工程		日	232	
QW2-624-3	架线附件及验收		日	201	

二、±660kV 直流线路工程

编号	项目名称	工程特征	单位	工期	备注
QW2-625	**±660kV 线路 80km**	平地—土质	**月**	**13.0**	总工期
QW2-625-1	基础工程		日	252	
QW2-625-2	组塔工程		日	137	
QW2-625-3	架线附件及验收		日	122	
QW2-626	**±660kV 线路 80km**	平地—石质	**月**	**14.0**	总工期
QW2-626-1	基础工程		日	289	
QW2-626-2	组塔工程		日	137	
QW2-626-3	架线附件及验收		日	122	
QW2-627	**±660kV 线路 80km**	丘陵—土质	**月**	**14.5**	总工期
QW2-627-1	基础工程		日	281	
QW2-627-2	组塔工程		日	157	
QW2-627-3	架线附件及验收		日	122	
QW2-628	**±660kV 线路 80km**	丘陵—石质	**月**	**15.0**	总工期
QW2-628-1	基础工程		日	321	
QW2-628-2	组塔工程		日	157	
QW2-628-3	架线附件及验收		日	122	

DE 2022

续表

编号	项目名称	工程特征	单位	工期	备注
QW2-629	**±660kV 线路 80km**	泥沼	月	**14.5**	总工期
QW2-629-1	基础工程		日	309	
QW2-629-2	组塔工程		日	137	
QW2-629-3	架线附件及验收		日	122	
QW2-630	**±660kV 线路 80km**	河网	月	**15.5**	总工期
QW2-630-1	基础工程		日	346	
QW2-630-2	组塔工程		日	137	
QW2-630-3	架线附件及验收		日	122	
QW2-631	**±660kV 线路 80km**	沙漠	月	**13.5**	总工期
QW2-631-1	基础工程		日	272	
QW2-631-2	组塔工程		日	137	
QW2-631-3	架线附件及验收		日	122	
QW2-632	**±660kV 线路 80km**	山地—非硬岩石	月	**18.0**	总工期
QW2-632-1	基础工程		日	352	
QW2-632-2	组塔工程		日	200	
QW2-632-3	架线附件及验收		日	147	

续表

编号	项目名称	工程特征	单位	工期	备注
QW2-633	**±660kV 线路 80km**	山地—坚硬岩石	**月**	**18.5**	总工期
QW2-633-1	基础工程		日	386	
QW2-633-2	组塔工程		日	200	
QW2-633-3	架线附件及验收		日	147	
QW2-634	**±660kV 线路 80km**	高山—非硬岩石	**月**	**18.5**	总工期
QW2-634-1	基础工程		日	370	
QW2-634-2	组塔工程		日	210	
QW2-634-3	架线附件及验收		日	154	
QW2-635	**±660kV 线路 80km**	高山—坚硬岩石	**月**	**19.5**	总工期
QW2-635-1	基础工程		日	405	
QW2-635-2	组塔工程		日	210	
QW2-635-3	架线附件及验收		日	154	
QW2-636	**±660kV 线路 80km**	峻岭—非硬岩石	**月**	**19.5**	总工期
QW2-636-1	基础工程		日	388	
QW2-636-2	组塔工程		日	220	
QW2-636-3	架线附件及验收		日	162	

续表

编号	项目名称	工程特征	单位	工期	备注
QW2-637	**±660kV 线路 80km**	峻岭—坚硬岩石	月	**20.5**	总工期
QW2-637-1	基础工程		日	425	
QW2-637-2	组塔工程		日	220	
QW2-637-3	架线附件及验收		日	162	
QW2-638	**±660kV 线路 120km**	平地—土质	月	**15.5**	总工期
QW2-638-1	基础工程		日	282	
QW2-638-2	组塔工程		日	160	
QW2-638-3	架线附件及验收		日	152	
QW2-639	**±660kV 线路 120km**	平地—石质	月	**16.0**	总工期
QW2-639-1	基础工程		日	318	
QW2-639-2	组塔工程		日	160	
QW2-639-3	架线附件及验收		日	152	
QW2-640	**±660kV 线路 120km**	丘陵—土质	月	**16.5**	总工期
QW2-640-1	基础工程		日	308	
QW2-640-2	组塔工程		日	186	
QW2-640-3	架线附件及验收		日	152	

续表

编号	项目名称	工程特征	单位	工期	备注
QW2-641	**±660kV 线路 120km**	丘陵—石质	**月**	**17.5**	**总工期**
QW2-641-1	基础工程		日	352	
QW2-641-2	组塔工程		日	186	
QW2-641-3	架线附件及验收		日	152	
QW2-642	**±660kV 线路 120km**	泥沼	**月**	**16.5**	**总工期**
QW2-642-1	基础工程		日	336	
QW2-642-2	组塔工程		日	160	
QW2-642-3	架线附件及验收		日	152	
QW2-643	**±660kV 线路 120km**	河网	**月**	**17.5**	**总工期**
QW2-643-1	基础工程		日	380	
QW2-643-2	组塔工程		日	160	
QW2-643-3	架线附件及验收		日	152	
QW2-644	**±660kV 线路 120km**	沙漠	**月**	**16.0**	**总工期**
QW2-644-1	基础工程		日	316	
QW2-644-2	组塔工程		日	160	
QW2-644-3	架线附件及验收		日	152	

续表

编号	项目名称	工程特征	单位	工期	备注
QW2-645	**±660kV 线路 120km**	山地—非硬岩石	**月**	**20.5**	**总工期**
QW2-645-1	基础工程		日	384	
QW2-645-2	组塔工程		日	223	
QW2-645-3	架线附件及验收		日	184	
QW2-646	**±660kV 线路 120km**	山地—坚硬岩石	**月**	**22.0**	**总工期**
QW2-646-1	基础工程		日	447	
QW2-646-2	组塔工程		日	223	
QW2-646-3	架线附件及验收		日	184	
QW2-647	**±660kV 线路 120km**	高山—非硬岩石	**月**	**21.5**	**总工期**
QW2-647-1	基础工程		日	403	
QW2-647-2	组塔工程		日	235	
QW2-647-3	架线附件及验收		日	193	
QW2-648	**±660kV 线路 120km**	高山—坚硬岩石	**月**	**23.0**	**总工期**
QW2-648-1	基础工程		日	469	
QW2-648-2	组塔工程		日	235	
QW2-648-3	架线附件及验收		日	193	

续表

编号	项目名称	工程特征	单位	工期	备注
QW2-649	**±660kV 线路 120km**	峻岭—非硬岩石	月	**22.5**	总工期
QW2-649-1	基础工程		日	424	
QW2-649-2	组塔工程		日	246	
QW2-649-3	架线附件及验收		日	202	
QW2-650	**±660kV 线路 120km**	峻岭—坚硬岩石	月	**24.0**	总工期
QW2-650-1	基础工程		日	492	
QW2-650-2	组塔工程		日	246	
QW2-650-3	架线附件及验收		日	202	

三、±800kV 直流线路工程

编号	项目名称	工程特征	单位	工期	备注
QW2-651	**±800kV 线路 60km**	平地—土质	月	**12.5**	总工期
QW2-651-1	基础工程		日	250	
QW2-651-2	组塔工程		日	132	
QW2-651-3	架线附件及验收		日	113	

续表

编号	项目名称	工程特征	单位	工期	备注
QW2-652	**±800kV 线路 60km**	平地—石质	**月**	**13.0**	总工期
QW2-652-1	基础工程		日	272	
QW2-652-2	组塔工程		日	132	
QW2-652-3	架线附件及验收		日	113	
QW2-653	**±800kV 线路 60km**	丘陵—土质	**月**	**14.0**	总工期
QW2-653-1	基础工程		日	279	
QW2-653-2	组塔工程		日	151	
QW2-653-3	架线附件及验收		日	113	
QW2-654	**±800kV 线路 60km**	丘陵—石质	**月**	**14.5**	总工期
QW2-654-1	基础工程		日	305	
QW2-654-2	组塔工程		日	151	
QW2-654-3	架线附件及验收		日	113	
QW2-655	**±800kV 线路 60km**	泥沼	**月**	**14.0**	总工期
QW2-655-1	基础工程		日	297	
QW2-655-2	组塔工程		日	132	
QW2-655-3	架线附件及验收		日	113	

续表

编号	项目名称	工程特征	单位	工期	备注
QW2-656	**±800kV 线路 60km**	河网	**月**	**14.5**	总工期
QW2-656-1	基础工程		日	333	
QW2-656-2	组塔工程		日	132	
QW2-656-3	架线附件及验收		日	113	
QW2-657	**±800kV 线路 60km**	沙漠	**月**	**13.5**	总工期
QW2-657-1	基础工程		日	277	
QW2-657-2	组塔工程		日	132	
QW2-657-3	架线附件及验收		日	113	
QW2-658	**±800kV 线路 60km**	山地—非硬岩石	**月**	**17.0**	总工期
QW2-658-1	基础工程		日	347	
QW2-658-2	组塔工程		日	198	
QW2-658-3	架线附件及验收		日	136	
QW2-659	**±800kV 线路 60km**	山地—坚硬岩石	**月**	**18.0**	总工期
QW2-659-1	基础工程		日	376	
QW2-659-2	组塔工程		日	198	
QW2-659-3	架线附件及验收		日	136	

续表

编号	项目名称	工程特征	单位	工期	备注
QW2-660	**±800kV 线路 60km**	高山—非硬岩石	月	**18.0**	总工期
QW2-660-1	基础工程		日	365	
QW2-660-2	组塔工程		日	208	
QW2-660-3	架线附件及验收		日	142	
QW2-661	**±800kV 线路 60km**	高山—坚硬岩石	月	**19.0**	总工期
QW2-661-1	基础工程		日	394	
QW2-661-2	组塔工程		日	208	
QW2-661-3	架线附件及验收		日	142	
QW2-662	**±800kV 线路 60km**	峻岭—非硬岩石	月	**19.0**	总工期
QW2-662-1	基础工程		日	383	
QW2-662-2	组塔工程		日	218	
QW2-662-3	架线附件及验收		日	150	
QW2-663	**±800kV 线路 60km**	峻岭—坚硬岩石	月	**19.5**	总工期
QW2-663-1	基础工程		日	414	
QW2-663-2	组塔工程		日	218	
QW2-663-3	架线附件及验收		日	150	

续表

编号	项目名称	工程特征	单位	工期	备注
QW2-664	**±800kV 线路 80km**	平地—土质	**月**	**13.5**	总工期
QW2-664-1	基础工程		日	264	
QW2-664-2	组塔工程		日	143	
QW2-664-3	架线附件及验收		日	126	
QW2-665	**±800kV 线路 80km**	平地—石质	**月**	**14.5**	总工期
QW2-665-1	基础工程		日	294	
QW2-665-2	组塔工程		日	143	
QW2-665-3	架线附件及验收		日	126	
QW2-666	**±800kV 线路 80km**	丘陵—土质	**月**	**15.0**	总工期
QW2-666-1	基础工程		日	296	
QW2-666-2	组塔工程		日	164	
QW2-666-3	架线附件及验收		日	126	
QW2-667	**±800kV 线路 80km**	丘陵—石质	**月**	**15.5**	总工期
QW2-667-1	基础工程		日	328	
QW2-667-2	组塔工程		日	164	
QW2-667-3	架线附件及验收		日	126	

续表

编号	项目名称	工程特征	单位	工期	备注
QW2-668	**±800kV 线路 80km**	泥沼	**月**	**15.0**	总工期
QW2-668-1	基础工程		日	313	
QW2-668-2	组塔工程		日	143	
QW2-668-3	架线附件及验收		日	126	
QW2-669	**±800kV 线路 80km**	河网	**月**	**16.0**	总工期
QW2-669-1	基础工程		日	353	
QW2-669-2	组塔工程		日	143	
QW2-669-3	架线附件及验收		日	126	
QW2-670	**±800kV 线路 80km**	沙漠	**月**	**14.5**	总工期
QW2-670-1	基础工程		日	293	
QW2-670-2	组塔工程		日	143	
QW2-670-3	架线附件及验收		日	126	
QW2-671	**±800kV 线路 80km**	山地—非硬岩石	**月**	**18.5**	总工期
QW2-671-1	基础工程		日	367	
QW2-671-2	组塔工程		日	209	
QW2-671-3	架线附件及验收		日	151	

续表

编号	项目名称	工程特征	单位	工期	备注
QW2-672	**±800kV 线路 80km**	山地—坚硬岩石	**月**	**19.5**	总工期
QW2-672-1	基础工程		日	403	
QW2-672-2	组塔工程		日	209	
QW2-672-3	架线附件及验收		日	151	
QW2-673	**±800kV 线路 80km**	高山—非硬岩石	**月**	**19.5**	总工期
QW2-673-1	基础工程		日	386	
QW2-673-2	组塔工程		日	220	
QW2-673-3	架线附件及验收		日	158	
QW2-674	**±800kV 线路 80km**	高山—坚硬岩石	**月**	**20.5**	总工期
QW2-674-1	基础工程		日	424	
QW2-674-2	组塔工程		日	220	
QW2-674-3	架线附件及验收		日	158	
QW2-675	**±800kV 线路 80km**	峻岭—非硬岩石	**月**	**20.5**	总工期
QW2-675-1	基础工程		日	405	
QW2-675-2	组塔工程		日	231	
QW2-675-3	架线附件及验收		日	166	

续表

编号	项目名称	工程特征	单位	工期	备注
QW2-676	**±800kV 线路 80km**	峻岭—坚硬岩石	月	**21.5**	总工期
QW2-676-1	基础工程		日	445	
QW2-676-2	组塔工程		日	231	
QW2-676-3	架线附件及验收		日	166	
QW2-677	**±800kV 线路 120km**	平地—土质	月	**16.0**	总工期
QW2-677-1	基础工程		日	295	
QW2-677-2	组塔工程		日	168	
QW2-677-3	架线附件及验收		日	156	
QW2-678	**±800kV 线路 120km**	平地—石质	月	**17.0**	总工期
QW2-678-1	基础工程		日	345	
QW2-678-2	组塔工程		日	168	
QW2-678-3	架线附件及验收		日	156	
QW2-679	**±800kV 线路 120km**	丘陵—土质	月	**17.5**	总工期
QW2-679-1	基础工程		日	335	
QW2-679-2	组塔工程		日	195	
QW2-679-3	架线附件及验收		日	156	

续表

编号	项目名称	工程特征	单位	工期	备注
QW2-680	**±800kV 线路 120km**	丘陵—石质	**月**	**18.5**	**总工期**
QW2-680-1	基础工程		日	383	
QW2-680-2	组塔工程		日	195	
QW2-680-3	架线附件及验收		日	156	
QW2-681	**±800kV 线路 120km**	泥沼	**月**	**17.5**	**总工期**
QW2-681-1	基础工程		日	351	
QW2-681-2	组塔工程		日	168	
QW2-681-3	架线附件及验收		日	156	
QW2-682	**±800kV 线路 120km**	河网	**月**	**18.5**	**总工期**
QW2-682-1	基础工程		日	400	
QW2-682-2	组塔工程		日	168	
QW2-682-3	架线附件及验收		日	156	
QW2-683	**±800kV 线路 120km**	沙漠	**月**	**17.0**	**总工期**
QW2-683-1	基础工程		日	329	
QW2-683-2	组塔工程		日	168	
QW2-683-3	架线附件及验收		日	156	

续表

编号	项目名称	工程特征	单位	工期	备注
QW2-684	**±800kV 线路 120km**	山地—非硬岩石	月	**21.5**	总工期
QW2-684-1	基础工程		日	412	
QW2-684-2	组塔工程		日	234	
QW2-684-3	架线附件及验收		日	188	
QW2-685	**±800kV 线路 120km**	山地—坚硬岩石	月	**22.5**	总工期
QW2-685-1	基础工程		日	468	
QW2-685-2	组塔工程		日	234	
QW2-685-3	架线附件及验收		日	188	
QW2-686	**±800kV 线路 120km**	高山—非硬岩石	月	**22.5**	总工期
QW2-686-1	基础工程		日	432	
QW2-686-2	组塔工程		日	246	
QW2-686-3	架线附件及验收		日	198	
QW2-687	**±800kV 线路 120km**	高山—坚硬岩石	月	**24.0**	总工期
QW2-687-1	基础工程		日	491	
QW2-687-2	组塔工程		日	246	
QW2-687-3	架线附件及验收		日	198	

续表

编号	项目名称	工程特征	单位	工期	备注
QW2-688	**±800kV 线路 120km**	峻岭—非硬岩石	月	**23.5**	总工期
QW2-688-1	基础工程		日	454	
QW2-688-2	组塔工程		日	258	
QW2-688-3	架线附件及验收		日	208	
QW2-689	**±800kV 线路 120km**	峻岭—坚硬岩石	月	**25.0**	总工期
QW2-689-1	基础工程		日	515	
QW2-689-2	组塔工程		日	258	
QW2-689-3	架线附件及验收		日	208	

四、±1100kV 直流线路工程

编号	项目名称	工程特征	单位	工期	备注
QW2-690	**±1100kV 线路 80km**	平地—土质	月	**15.0**	总工期
QW2-690-1	基础工程		日	284	
QW2-690-2	组塔工程		日	153	
QW2-690-3	架线附件及验收		日	140	

DE 2022

续表

编号	项目名称	工程特征	单位	工期	备注
QW2-691	**±1100kV 线路 80km**	平地—石质	**月**	**16.0**	总工期
QW2-691-1	基础工程		日	328	
QW2-691-2	组塔工程		日	153	
QW2-691-3	架线附件及验收		日	140	
QW2-692	**±1100kV 线路 80km**	丘陵—土质	**月**	**16.5**	总工期
QW2-692-1	基础工程		日	321	
QW2-692-2	组塔工程		日	176	
QW2-692-3	架线附件及验收		日	140	
QW2-693	**±1100kV 线路 80km**	丘陵—石质	**月**	**17.5**	总工期
QW2-693-1	基础工程		日	368	
QW2-693-2	组塔工程		日	176	
QW2-693-3	架线附件及验收		日	140	
QW2-694	**±1100kV 线路 80km**	泥沼	**月**	**16.5**	总工期
QW2-694-1	基础工程		日	347	
QW2-694-2	组塔工程		日	153	
QW2-694-3	架线附件及验收		日	140	

续表

编号	项目名称	工程特征	单位	工期	备注
QW2-695	**±1100kV 线路 80km**	河网	**月**	**17.0**	**总工期**
QW2-695-1	基础工程		日	383	
QW2-695-2	组塔工程		日	153	
QW2-695-3	架线附件及验收		日	140	
QW2-696	**±1100kV 线路 80km**	沙漠	**月**	**15.5**	**总工期**
QW2-696-1	基础工程		日	312	
QW2-696-2	组塔工程		日	153	
QW2-696-3	架线附件及验收		日	140	
QW2-697	**±1100kV 线路 80km**	山地—非硬岩石	**月**	**20.0**	**总工期**
QW2-697-1	基础工程		日	393	
QW2-697-2	组塔工程		日	225	
QW2-697-3	架线附件及验收		日	173	
QW2-698	**±1100kV 线路 80km**	山地—坚硬岩石	**月**	**21.0**	**总工期**
QW2-698-1	基础工程		日	433	
QW2-698-2	组塔工程		日	225	
QW2-698-3	架线附件及验收		日	173	

续表

编号	项目名称	工程特征	单位	工期	备注
QW2-699	**±1100kV 线路 80km**	高山—非硬岩石	**月**	**21.0**	总工期
QW2-699-1	基础工程		日	412	
QW2-699-2	组塔工程		日	236	
QW2-699-3	架线附件及验收		日	182	
QW2-700	**±1100kV 线路 80km**	高山—坚硬岩石	**月**	**22.0**	总工期
QW2-700-1	基础工程		日	455	
QW2-700-2	组塔工程		日	236	
QW2-700-3	架线附件及验收		日	182	
QW2-701	**±1100kV 线路 80km**	峻岭—非硬岩石	**月**	**22.5**	总工期
QW2-701-1	基础工程		日	433	
QW2-701-2	组塔工程		日	248	
QW2-701-3	架线附件及验收		日	191	
QW2-702	**±1100kV 线路 80km**	峻岭—坚硬岩石	**月**	**23.5**	总工期
QW2-702-1	基础工程		日	478	
QW2-702-2	组塔工程		日	248	
QW2-702-3	架线附件及验收		日	191	

续表

编号	项目名称	工程特征	单位	工期	备注
QW2-703	**±1100kV 线路 120km**	平地—土质	**月**	**17.5**	**总工期**
QW2-703-1	基础工程		日	317	
QW2-703-2	组塔工程		日	180	
QW2-703-3	架线附件及验收		日	172	
QW2-704	**±1100kV 线路 120km**	平地—石质	**月**	**18.5**	**总工期**
QW2-704-1	基础工程		日	373	
QW2-704-2	组塔工程		日	180	
QW2-704-3	架线附件及验收		日	172	
QW2-705	**±1100kV 线路 120km**	丘陵—土质	**月**	**19.0**	**总工期**
QW2-705-1	基础工程		日	363	
QW2-705-2	组塔工程		日	209	
QW2-705-3	架线附件及验收		日	172	
QW2-706	**±1100kV 线路 120km**	丘陵—石质	**月**	**20.0**	**总工期**
QW2-706-1	基础工程		日	408	
QW2-706-2	组塔工程		日	209	
QW2-706-3	架线附件及验收		日	172	

续表

编号	项目名称	工程特征	单位	工期	备注
QW2-707	**±1100kV 线路 120km**	泥沼	**月**	**19.0**	总工期
QW2-707-1	基础工程		日	387	
QW2-707-2	组塔工程		日	180	
QW2-707-3	架线附件及验收		日	172	
QW2-708	**±1100kV 线路 120km**	河网	**月**	**20.0**	总工期
QW2-708-1	基础工程		日	424	
QW2-708-2	组塔工程		日	180	
QW2-708-3	架线附件及验收		日	172	
QW2-709	**±1100kV 线路 120km**	沙漠	**月**	**18.0**	总工期
QW2-709-1	基础工程		日	351	
QW2-709-2	组塔工程		日	180	
QW2-709-3	架线附件及验收		日	172	
QW2-710	**±1100kV 线路 120km**	山地—非硬岩石	**月**	**23.0**	总工期
QW2-710-1	基础工程		日	432	
QW2-710-2	组塔工程		日	252	
QW2-710-3	架线附件及验收		日	218	

续表

编号	项目名称	工程特征	单位	工期	备注
QW2-711	**±1100kV 线路 120km**	山地—坚硬岩石	**月**	**25.0**	总工期
QW2-711-1	基础工程		日	503	
QW2-711-2	组塔工程		日	252	
QW2-711-3	架线附件及验收		日	218	
QW2-712	**±1100kV 线路 120km**	高山—非硬岩石	**月**	**24.5**	总工期
QW2-712-1	基础工程		日	453	
QW2-712-2	组塔工程		日	265	
QW2-712-3	架线附件及验收		日	229	
QW2-713	**±1100kV 线路 120km**	高山—坚硬岩石	**月**	**26.0**	总工期
QW2-713-1	基础工程		日	528	
QW2-713-2	组塔工程		日	265	
QW2-713-3	架线附件及验收		日	229	
QW2-714	**±1100kV 线路 120km**	峻岭—非硬岩石	**月**	**25.5**	总工期
QW2-714-1	基础工程		日	476	
QW2-714-2	组塔工程		日	278	
QW2-714-3	架线附件及验收		日	241	

续表

编号	项目名称	工程特征	单位	工期	备注
QW2-715	**±1100kV 线路 120km**	峻岭—坚硬岩石	**月**	**27.5**	总工期
QW2-715-1	基础工程		日	554	
QW2-715-2	组塔工程		日	278	
QW2-715-3	架线附件及验收		日	241	
QW2-716	**±1100kV 线路 160km**	平地—土质	**月**	**19.5**	总工期
QW2-716-1	基础工程		日	362	
QW2-716-2	组塔工程		日	205	
QW2-716-3	架线附件及验收		日	192	
QW2-717	**±1100kV 线路 160km**	平地—石质	**月**	**21.5**	总工期
QW2-717-1	基础工程		日	443	
QW2-717-2	组塔工程		日	205	
QW2-717-3	架线附件及验收		日	192	
QW2-718	**±1100kV 线路 160km**	丘陵—土质	**月**	**22.0**	总工期
QW2-718-1	基础工程		日	433	
QW2-718-2	组塔工程		日	237	
QW2-718-3	架线附件及验收		日	192	

续表

编号	项目名称	工程特征	单位	工期	备注
QW2-719	**±1100kV 线路 160km**	丘陵—石质	**月**	**23.0**	总工期
QW2-719-1	基础工程		日	485	
QW2-719-2	组塔工程		日	237	
QW2-719-3	架线附件及验收		日	192	
QW2-720	**±1100kV 线路 160km**	泥沼	**月**	**21.5**	总工期
QW2-720-1	基础工程		日	436	
QW2-720-2	组塔工程		日	205	
QW2-720-3	架线附件及验收		日	192	
QW2-721	**±1100kV 线路 160km**	河网	**月**	**22.5**	总工期
QW2-721-1	基础工程		日	494	
QW2-721-2	组塔工程		日	205	
QW2-721-3	架线附件及验收		日	192	
QW2-722	**±1100kV 线路 160km**	沙漠	**月**	**20.5**	总工期
QW2-722-1	基础工程		日	396	
QW2-722-2	组塔工程		日	205	
QW2-722-3	架线附件及验收		日	192	

续表

编号	项目名称	工程特征	单位	工期	备注
QW2-723	**±1100kV 线路 160km**	山地—非硬岩石	**月**	**26.5**	总工期
QW2-723-1	基础工程		日	506	
QW2-723-2	组塔工程		日	279	
QW2-723-3	架线附件及验收		日	238	
QW2-724	**±1100kV 线路 160km**	山地—坚硬岩石	**月**	**28.0**	总工期
QW2-724-1	基础工程		日	570	
QW2-724-2	组塔工程		日	279	
QW2-724-3	架线附件及验收		日	238	
QW2-725	**±1100kV 线路 160km**	高山—非硬岩石	**月**	**27.5**	总工期
QW2-725-1	基础工程		日	531	
QW2-725-2	组塔工程		日	293	
QW2-725-3	架线附件及验收		日	250	
QW2-726	**±1100kV 线路 160km**	高山—坚硬岩石	**月**	**29.0**	总工期
QW2-726-1	基础工程		日	599	
QW2-726-2	组塔工程		日	293	
QW2-726-3	架线附件及验收		日	250	

续表

编号	项目名称	工程特征	单位	工期	备注
QW2-727	**±1100kV 线路 160km**	峻岭—非硬岩石	**月**	**29.0**	**总工期**
QW2-727-1	基础工程		日	558	
QW2-727-2	组塔工程		日	307	
QW2-727-3	架线附件及验收		日	263	
QW2-728	**±1100kV 线路 160km**	峻岭—坚硬岩石	**月**	**30.5**	**总工期**
QW2-728-1	基础工程		日	628	
QW2-728-2	组塔工程		日	307	
QW2-728-3	架线附件及验收		日	263	

第四节　大跨越工程

编号	项目名称	工程特征	单位	总工期（月）	备注
QW2-729	**110kV-跨越距离 1000m**	铁塔	月	**6.0**	总工期
QW2-729-1	基础工程		日	140	
QW2-729-2	组塔工程		日	29	
QW2-729-3	架线附件及验收		日	14	
QW2-730	**110kV-跨越距离 1500m**	铁塔	月	**8.0**	总工期
QW2-730-1	基础工程		日	175	
QW2-730-2	组塔工程		日	44	
QW2-730-3	架线附件及验收		日	22	
QW2-731	**110kV-跨越距离 2500m**	铁塔	月	**12.0**	总工期
QW2-731-1	基础工程		日	263	
QW2-731-2	组塔工程		日	66	
QW2-731-3	架线附件及验收		日	35	
QW2-732	**220kV-跨越距离 1000m**	铁塔	月	**7.0**	总工期
QW2-732-1	基础工程		日	155	

续表

编号	项目名称	工程特征	单位	总工期（月）	备注
QW2-732-2	组塔工程	铁塔	日	46	
QW2-732-3	架线附件及验收		日	16	
QW2-733	**220kV-跨越距离 1500m**	铁塔	**月**	**9.0**	总工期
QW2-733-1	基础工程		日	190	
QW2-733-2	组塔工程		日	58	
QW2-733-3	架线附件及验收		日	23	
QW2-734	**220kV-跨越距离 2500m**	铁塔	**月**	**13.0**	总工期
QW2-734-1	基础工程		日	274	
QW2-734-2	组塔工程		日	84	
QW2-734-3	架线附件及验收		日	35	
QW2-735	**330kV-跨越距离 1000m**	铁塔	**月**	**10.0**	总工期
QW2-735-1	基础工程		日	215	
QW2-735-2	组塔工程		日	68	
QW2-735-3	架线附件及验收		日	22	
QW2-736	**330kV-跨越距离 1500m**	铁塔	**月**	**12.5**	总工期
QW2-736-1	基础工程		日	245	

续表

编号	项目名称	工程特征	单位	总工期（月）	备注
QW2-736-2	组塔工程	铁塔	日	88	
QW2-736-3	架线附件及验收		日	35	
QW2-737	**330kV-跨越距离 2500m**	铁塔	**月**	**15.0**	总工期
QW2-737-1	基础工程		日	292	
QW2-737-2	组塔工程		日	108	
QW2-737-3	架线附件及验收		日	45	
QW2-738	**500kV-跨越距离 1000m**	铁塔	**月**	**15.0**	总工期
QW2-738-1	基础工程		日	317	
QW2-738-2	组塔工程		日	105	
QW2-738-3	架线附件及验收		日	33	
QW2-739	**500kV-跨越距离 1500m**	铁塔	**月**	**17.0**	总工期
QW2-739-1	基础工程		日	347	
QW2-739-2	组塔工程		日	125	
QW2-739-3	架线附件及验收		日	43	
QW2-740	**500kV-跨越距离 2500m**	铁塔	**月**	**20.0**	总工期
QW2-740-1	基础工程		日	397	

续表

编号	项目名称	工程特征	单位	总工期（月）	备注
QW2-740-2	组塔工程	铁塔	日	145	
QW2-740-3	架线附件及验收		日	53	
QW2-741	**750kV-跨越距离 1000m**	铁塔	**月**	**17.0**	总工期
QW2-741-1	基础工程		日	350	
QW2-741-2	组塔工程		日	125	
QW2-741-3	架线附件及验收		日	40	
QW2-742	**750kV-跨越距离 1500m**	铁塔	**月**	**19.0**	总工期
QW2-742-1	基础工程		日	380	
QW2-742-2	组塔工程		日	145	
QW2-742-3	架线附件及验收		日	50	
QW2-743	**750kV-跨越距离 2500m**	铁塔	**月**	**21.0**	总工期
QW2-743-1	基础工程		日	410	
QW2-743-2	组塔工程		日	165	
QW2-743-3	架线附件及验收		日	60	
QW2-744	**1000kV-跨越距离 1000m**	铁塔	**月**	**21.0**	总工期
QW2-744-1	基础工程		日	408	

续表

编号	项目名称	工程特征	单位	总工期（月）	备注
QW2-744-2	组塔工程	铁塔	日	155	
QW2-744-3	架线附件及验收		日	60	
QW2-745	**1000kV-跨越距离 1500m**	铁塔	**月**	**23.0**	总工期
QW2-745-1	基础工程		日	438	
QW2-745-2	组塔工程		日	175	
QW2-745-3	架线附件及验收		日	70	
QW2-746	**1000kV-跨越距离 2500m**	铁塔	**月**	**25.0**	总工期
QW2-746-1	基础工程		日	468	
QW2-746-2	组塔工程		日	195	
QW2-746-3	架线附件及验收		日	80	
QW2-747	**±500kV-跨越距离 1000m**	铁塔	**月**	**14.0**	总工期
QW2-747-1	基础工程		日	280	
QW2-747-2	组塔工程		日	110	
QW2-747-3	架线附件及验收		日	35	
QW2-748	**±500kV-跨越距离 1500m**	铁塔	**月**	**16.0**	总工期
QW2-748-1	基础工程		日	310	

续表

编号	项目名称	工程特征	单位	总工期（月）	备注
QW2-748-2	组塔工程	铁塔	日	130	
QW2-748-3	架线附件及验收		日	45	
QW2-749	**±500kV-跨越距离 2500m**	铁塔	**月**	**18.0**	总工期
QW2-749-1	基础工程		日	340	
QW2-749-2	组塔工程		日	150	
QW2-749-3	架线附件及验收		日	55	
QW2-750	**±660kV-跨越距离 1000m**	铁塔	**月**	**15.5**	总工期
QW2-750-1	基础工程		日	300	
QW2-750-2	组塔工程		日	120	
QW2-750-3	架线附件及验收		日	48	
QW2-751	**±660kV-跨越距离 1500m**	铁塔	**月**	**17.5**	总工期
QW2-751-1	基础工程		日	330	
QW2-751-2	组塔工程		日	140	
QW2-751-3	架线附件及验收		日	58	
QW2-752	**±660kV-跨越距离 2500m**	铁塔	**月**	**19.5**	总工期
QW2-752-1	基础工程		日	360	

续表

编号	项目名称	工程特征	单位	总工期（月）	备注
QW2-752-2	组塔工程	铁塔	日	160	
QW2-752-3	架线附件及验收		日	68	
QW2-753	**±800kV-跨越距离 1000m**	铁塔	**月**	**17.5**	总工期
QW2-753-1	基础工程		日	340	
QW2-753-2	组塔工程		日	130	
QW2-753-3	架线附件及验收		日	55	
QW2-754	**±800kV-跨越距离 1500m**	铁塔	**月**	**19.5**	总工期
QW2-754-1	基础工程		日	370	
QW2-754-2	组塔工程		日	151	
QW2-754-3	架线附件及验收		日	65	
QW2-755	**±800kV-跨越距离 2500m**	铁塔	**月**	**22.0**	总工期
QW2-755-1	基础工程		日	410	
QW2-755-2	组塔工程		日	171	
QW2-755-3	架线附件及验收		日	75	
QW2-756	**±1100kV-跨越距离 1000m**	铁塔	**月**	**20.0**	总工期
QW2-756-1	基础工程		日	370	

续表

编号	项目名称	工程特征	单位	总工期（月）	备注
QW2-756-2	组塔工程	铁塔	日	160	
QW2-756-3	架线附件及验收		日	70	
QW2-757	**±1100kV-跨越距离 1500m**	铁塔	**月**	**22.0**	总工期
QW2-757-1	基础工程		日	400	
QW2-757-2	组塔工程		日	180	
QW2-757-3	架线附件及验收		日	80	
QW2-758	**±1100kV-跨越距离 2500m**	铁塔	**月**	**24.0**	总工期
QW2-758-1	基础工程		日	430	
QW2-758-2	组塔工程		日	200	
QW2-758-3	架线附件及验收		日	90	

第三章　电缆线路工程

说明

（一）内容范围

1．电缆线路工程工期定额（简称本章定额）由陆上电缆和海底电缆两部分组成。其中陆上电缆部分由直埋电缆线路工程、电缆沟电缆线路工程、埋管电缆线路工程、隧道电缆线路工程组成。

2．陆上电缆线路工程工期定额按照电压等级、长度、土质情况及敷设条件设置定额子目。海底电缆线路工程工期定额按照电压等级和长度设置定额子目。

（二）定额工期含义

1．总工期：陆上电缆是从基础开挖至该期工程验收合格，具备竣工投产条件所需的时间；海底电缆是从路由扫测至该期工程验收合格，具备竣工投产条件所需的时间。

2．电缆土建工程工期：是指电缆线路工程路径定位复测、土方开挖至土石方（沟、槽、井开挖、开挖修复路面、其他挖填等）、构筑物（电缆沟、工作井、埋管、隧道等）、辅助工程（通风、照明、排水、消防围护、地基处理）、电缆标牌及标桩等施工完成，具备下一步电缆安装工程作业环境。

3．电缆敷设工程工期：是指从电缆支架制作安装至电缆敷设完成。

4．路由扫测及试航工期：是指利用 DGPS 定位系统及勘察设备对设计路由上的海底电缆登陆点、海上管线交越点、相邻管线、海况复杂区域的水文参数等关键因素进行水文测量和校核，以及利用起锚艇和扫海装置对设计路由上的渔网等障碍物进行清除，直至利用船组在相似施工海况下进行模拟施工完成试航工作。

5．海底电缆始端登陆工期：是指海底电缆在始端登陆点敷设至电缆终端塔（站）。

6．海底电缆水中敷设工期：是指海底电缆在水中进行敷设直至完成，已综合考虑抛设和冲埋两种方式。小直径海底电缆抛设依靠敷设船自身速度和布缆机输送速度相结合，并根据路径导航数据、间距，自行向终点抛放，大直径海底电缆抛放需配置船载电动转盘的大型施工船，依靠 DP 定位自动敷设模式或绞锚牵引施工模式进行敷设。海底电缆冲埋施工使用带有船载电动转盘的大型施工船，利用水力喷射式埋设机进行埋设施工，敷、埋同步进行。

7．海底电缆终端登陆工期：是指海底电缆在终端登陆点敷设至电缆终端塔（站）。

8．电缆附件安装工程工期：是指电缆头、电缆接地、保护、防火、在线监测等附件安装完成，满足竣工试验条件。

9．电缆试验及验收工期：是指电缆进行竣工护层试验、耐压试验、局放试验、参数测试等交接试验工作直至验收合格，具备竣工投产条件。

（三）定额使用说明

1．本章定额适用于 35～500kV 交流线路工程。

2．本章定额适用于整条电缆输电线路工程和分段输电线路工程。

3．本章定额已经综合考虑了必须在夜间施工时所造成的降效和工期延迟因素。

4．陆上电缆部分分项工期和总工期定额均按照单回路电缆敷设考虑。直埋电缆线路工程土建形式按照沟宽 0.4～1.4m，电缆埋设≥0.7m 考虑；电缆沟电缆线路工程土建形式按照沟宽 1～1.7m，净深 0.8～1.9m，有盖板考虑；埋管电缆线路工程土建形式按照排管 2×8 孔（ϕ150mm）以内考虑；隧道电缆线路工程中明挖隧道按照矩形截面 4.2m^2 以内考虑，浅埋暗挖按照截面 4.6m^2 以内考虑，盾构隧道按照截面 10m^2 以内考虑。

5．陆上电缆部分直埋电缆线路工程按照土建工程满足 70%以上强度后，开始安装部分施工；电缆沟、埋管、隧道电缆线路工程按照土建竣工验收完成后开始安装部分施工；定额根据线路长度的增加，按照合理资源配置原则，综合考虑增加班组、人员和机械数量。

6．海底电缆线路工程施工期间应保证水深 60m 以内海域，潮流 3 节以内、风力 7 级以下的海况。海底电缆两端登陆距离按最长 600m 考虑，登陆点按车辆能直接到达计算。海底电缆的保护仅考虑两端登陆段附近的常规套管保护和抛石保护，水中保护和其他长距离专项保护需另行考虑。定额未考虑海底电缆运输的时间和陆上段电缆建筑部分施工工期。

7．35kV 海底电缆分项工期和总工期定额均按照三芯统包电缆敷设考虑，110kV 及以上海底电缆分项工期定额按照单根单芯电缆敷设考虑，总工期按照 3 根电缆敷设考虑，每根电缆敷设的间隔时间需另行计算。

8．本章定额未考虑设备材料交货期推迟、走廊清理障碍、社会环境、特殊天气（沙尘暴、台风）等影响因素。

9．如施工单位已完成全部设计规定的工程项目并经过竣工验收后，线路因故暂时不能带电投运时，可按启动验收委员会签署的验收证书的日期作为生产日期。

10．本章定额未单独列出 66kV 电缆线路工期，可参考使用 35kV 电缆线路工期定额。

11．地下综合管廊电缆工程，建筑部分工期参照地方市政工期定额计算，安装部分执行隧道电缆线路工程定额。

（四）定额调整说明

1．定额按照典型施工标段长度设置，电缆线路长度规模介于定额标准情形之间时，可结合工程实际情况，采用直线内插、专家论证等方法估算工期，所估算工期值应介于所处的两档定额区间值范围内。

2．本章定额工期的调整次序为：系数调整、冬雨期调整。

3．如工程施工需要跨越冬期、雨期连续施工，按表 3-1 冬期、雨期连续施工调整表调整工期。

表 3-1　　冬期、雨期连续施工调整表

地区类别	省、市、区名称	冬雨期调整原则
Ⅰ	上海、江苏、浙江、安徽、江西、湖南、湖北、四川、云南、贵州、广东、重庆、广西、福建、海南。	0.5 个月
Ⅱ	北京、天津、河北、山东、山西（朔州以南）、河南、陕西（延安以南）、甘肃（武威以东）	0.5 个月
Ⅲ	辽宁、吉林、宁夏、内蒙古（锡林郭勒市以南）、青海（Ⅳ类地区除外）、新疆、甘肃（武威及以西）、陕西（延安及以北）、山西（朔州及以北）	1.0 个月
Ⅳ	黑龙江、内蒙古（锡林郭勒市及以北）、青海（海西、玉树、果洛地区）	1.0 个月

注 1．冬期施工期：当室外日平均气温连续 5 天低于 5℃即进入冬期施工，当室外日平均气温连续 5 天高于 5℃即解除冬期施工，上述调整工期不包括冬歇停工时间。

2．雨期施工期：本章定额中Ⅰ类地区雨期为每年 4～9 月，Ⅱ类地区雨期为每年 6～9 月。

3．四川甘孜、阿坝、凉山州可按Ⅲ类地区执行；新疆北纬 45°以北地区可按Ⅳ类地区执行；西藏全域可按Ⅲ类地区执行。

4. 直埋电缆线路工程双回或多回线路同时施工时，可按同等条件单回线路定额每增加一回，土建工程工期乘以 1.2 系数，安装部分分项工期乘以 1.7 系数，总工期乘以 1.3 系数。

5. 电缆沟电缆线路工程双回或多回线路同时施工时，可按同等条件单回线路定额每增加一回，土建工程工期乘以 1.2 系数，安装部分分项工期乘以 1.7 系数，总工期乘以 1.3 系数。

6. 埋管电缆线路工程双回或多回线路同时施工时，可按同等条件单回线路定额每增加一回，土建工程按照孔数 2×8（ϕ150mm）以内考虑，安装部分分项工期乘以 1.7 系数。

7. 隧道电缆线路工程双回或多回线路同时施工时，可按同等条件单回线路定额每增加一回，安装部分分项工期乘以 1.7 系数。

8. 电缆沟按照现浇砼槽考虑，如为预制砼槽时，土建工程工期乘以 0.8 系数。

9. 埋管电缆线路工程土建施工按照零星支护考虑，如做全线路松木桩、钢板桩等支护时，土建工程工期乘以 0.2 系数。埋管电缆线路工程埋深按照 3m 以内考虑，如埋深超过 3m 土建工程工期按照实际情况调整。

10. 隧道电缆线路工程埋深按照 10m 以内考虑，如埋深超过 10m 土建工程工期参照地方市政工期定额计算。顶管隧道电缆线路工程执行浅埋暗挖隧道工期定额。

11. 海底电缆工程陆上段敷设有直埋、电缆沟、地下管廊、顶管等类型，陆上段电缆建筑部分施工工期按照敷设方式执行相应的电缆土建工程工期，安装部分施工工期本定额按全程混凝土电缆沟土建形式敷设考虑，如遇其他土建形式需另行考虑。

12. 定额已经综合考虑短距离顶管和非开挖水平导向钻施工，以及两侧均为 GIS 情况下的电缆试验。

第一节　直埋电缆线路工程

一、35kV 直埋电缆线路工程

编号	项目名称	工程特征	单位	工期	备注
QW3-1	**35kV 线路 5km**	普土、坚土	**月**	**2.5**	总工期
QW3-1-1	电缆土建工程		日	46	
QW3-1-2	电缆敷设工程		日	15	
QW3-1-3	电缆附件安装工程		日	10	
QW3-1-4	电缆试验及验收		日	4	
QW3-2	**35kV 线路 5km**	松砂石	**月**	**3.0**	总工期
QW3-2-1	电缆土建工程		日	58	
QW3-2-2	电缆敷设工程		日	15	
QW3-2-3	电缆附件安装工程		日	10	
QW3-2-4	电缆试验及验收		日	4	
QW3-3	**35kV 线路 10km**	普土、坚土	**月**	**2.5**	总工期
QW3-3-1	电缆土建工程		日	51	

续表

编号	项目名称	工程特征	单位	工期	备注
QW3-3-2	电缆敷设工程		日	30	
QW3-3-3	电缆附件安装工程	普土、坚土	日	15	
QW3-3-4	电缆试验及验收		日	5	
QW3-4	**35kV 线路 10km**		**月**	**3.0**	总工期
QW3-4-1	电缆土建工程		日	63	
QW3-4-2	电缆敷设工程	松砂石	日	30	
QW3-4-3	电缆附件安装工程		日	15	
QW3-4-4	电缆试验及验收		日	5	
QW3-5	**35kV 线路 15km**		**月**	**3.0**	总工期
QW3-5-1	电缆土建工程		日	56	
QW3-5-2	电缆敷设工程	普土、坚土	日	45	
QW3-5-3	电缆附件安装工程		日	25	
QW3-5-4	电缆试验及验收		日	6	

续表

编号	项目名称	工程特征	单位	工期	备注
QW3-6	**35kV 线路 15km**	松砂石	**月**	**3.0**	**总工期**
QW3-6-1	电缆土建工程		日	68	
QW3-6-2	电缆敷设工程		日	45	
QW3-6-3	电缆附件安装工程		日	25	
QW3-6-4	电缆试验及验收		日	6	
QW3-7	**35kV 线路 20km**	普土、坚土	**月**	**3.0**	**总工期**
QW3-7-1	电缆土建工程		日	67	
QW3-7-2	电缆敷设工程		日	50	
QW3-7-3	电缆附件安装工程		日	30	
QW3-7-4	电缆试验及验收		日	6	
QW3-8	**35kV 线路 20km**	松砂石	**月**	**4.0**	**总工期**
QW3-8-1	电缆土建工程		日	84	
QW3-8-2	电缆敷设工程		日	50	
QW3-8-3	电缆附件安装工程		日	30	
QW3-8-4	电缆试验及验收		日	6	

二、110kV 直埋电缆线路工程

编号	项目名称	工程特征	单位	工期	备注
QW3-9	**110kV 线路 5km**	普土、坚土	月	**2.5**	总工期
QW3-9-1	电缆土建工程		日	51	
QW3-9-2	电缆敷设工程		日	35	
QW3-9-3	电缆附件安装工程		日	33	
QW3-9-4	电缆试验及验收		日	4	
QW3-10	**110kV 线路 5km**	松砂石	月	**3.0**	总工期
QW3-10-1	电缆土建工程		日	63	
QW3-10-2	电缆敷设工程		日	35	
QW3-10-3	电缆附件安装工程		日	33	
QW3-10-4	电缆试验及验收		日	4	
QW3-11	**110kV 线路 10km**	普土、坚土	月	**5.0**	总工期
QW3-11-1	电缆土建工程		日	51	
QW3-11-2	电缆敷设工程		日	42	

续表

编号	项目名称	工程特征	单位	工期	备注
QW3-11-3	电缆附件安装工程	普土、坚土	日	40	
QW3-11-4	电缆试验及验收		日	5	
QW3-12	**110kV 线路 10km**	松砂石	**月**	**5.5**	**总工期**
QW3-12-1	电缆土建工程		日	63	
QW3-12-2	电缆敷设工程		日	42	
QW3-12-3	电缆附件安装工程		日	40	
QW3-12-4	电缆试验及验收		日	5	
QW3-13	**110kV 线路 15km**	普土、坚土	**月**	**5.5**	**总工期**
QW3-13-1	电缆土建工程		日	51	
QW3-13-2	电缆敷设工程		日	50	
QW3-13-3	电缆附件安装工程		日	50	
QW3-13-4	电缆试验及验收		日	6	
QW3-14	**110kV 线路 15km**	松砂石	**月**	**6.0**	**总工期**
QW3-14-1	电缆土建工程		日	63	

续表

编号	项目名称	工程特征	单位	工期	备注
QW3-14-2	电缆敷设工程	松砂石	日	50	
QW3-14-3	电缆附件安装工程		日	50	
QW3-14-4	电缆试验及验收		日	6	
QW3-15	**110kV 线路 20km**	普土、坚土	**月**	**6.0**	总工期
QW3-15-1	电缆土建工程		日	64	
QW3-15-2	电缆敷设工程		日	65	
QW3-15-3	电缆附件安装工程		日	60	
QW3-15-4	电缆试验及验收		日	6	
QW3-16	**110kV 线路 20km**	松砂石	**月**	**6.5**	总工期
QW3-16-1	电缆土建工程		日	80	
QW3-16-2	电缆敷设工程		日	65	
QW3-16-3	电缆附件安装工程		日	60	
QW3-16-4	电缆试验及验收		日	6	

第二节　电缆沟电缆线路工程

一、35kV 电缆沟电缆线路工程

编号	项目名称	工程特征	单位	工期	备注
QW3-17	**35kV 线路 5km**	普土、坚土	**月**	**7.0**	总工期
QW3-17-1	电缆土建工程		日	180	
QW3-17-2	电缆敷设工程		日	15	
QW3-17-3	电缆附件安装工程		日	10	
QW3-17-4	电缆试验及验收		日	4	
QW3-18	**35kV 线路 5km**	松砂石	**月**	**7.5**	总工期
QW3-18-1	电缆土建工程		日	198	
QW3-18-2	电缆敷设工程		日	15	
QW3-18-3	电缆附件安装工程		日	10	
QW3-18-4	电缆试验及验收		日	4	

二、110kV 电缆沟电缆线路工程

编号	项目名称	工程特征	单位	工期	备注
QW3-19	**110kV 线路 5km**	普土、坚土	**月**	**7.5**	总工期
QW3-19-1	电缆土建工程		日	180	
QW3-19-2	电缆敷设工程		日	35	
QW3-19-3	电缆附件安装工程		日	33	
QW3-19-4	电缆试验及验收		日	4	
QW3-20	**110kV 线路 5km**	松砂石	**月**	**8.5**	总工期
QW3-20-1	电缆土建工程		日	198	
QW3-20-2	电缆敷设工程		日	35	
QW3-20-3	电缆附件安装工程		日	33	
QW3-20-4	电缆试验及验收		日	4	
QW3-21	**110kV 线路 10km**	普土、坚土	**月**	**9.0**	总工期
QW3-21-1	电缆土建工程		日	210	
QW3-21-2	电缆敷设工程		日	42	
QW3-21-3	电缆附件安装工程		日	40	
QW3-21-4	电缆试验及验收		日	5	

续表

编号	项目名称	工程特征	单位	工期	备注
QW3-22	**110kV 线路 10km**		月	**9.5**	总工期
QW3-22-1	电缆土建工程		日	231	
QW3-22-2	电缆敷设工程	松砂石	日	42	
QW3-22-3	电缆附件安装工程		日	40	
QW3-22-4	电缆试验及验收		日	5	
QW3-23	**110kV 线路 15km**		月	**10.0**	总工期
QW3-23-1	电缆土建工程		日	234	
QW3-23-2	电缆敷设工程	普土、坚土	日	50	
QW3-23-3	电缆附件安装工程		日	50	
QW3-23-4	电缆试验及验收		日	6	
QW3-24	**110kV 线路 15km**		月	**11.0**	总工期
QW3-24-1	电缆土建工程		日	257	
QW3-24-2	电缆敷设工程	松砂石	日	50	
QW3-24-3	电缆附件安装工程		日	50	
QW3-24-4	电缆试验及验收		日	6	

DE
2022

续表

编号	项目名称	工程特征	单位	工期	备注
QW3-25	**110kV 线路 20km**	普土、坚土	月	**11.0**	总工期
QW3-25-1	电缆土建工程		日	249	
QW3-25-2	电缆敷设工程		日	65	
QW3-25-3	电缆附件安装工程		日	60	
QW3-25-4	电缆试验及验收		日	6	
QW3-26	**110kV 线路 20km**	松砂石	月	**12.0**	总工期
QW3-26-1	电缆土建工程		日	275	
QW3-26-2	电缆敷设工程		日	65	
QW3-26-3	电缆附件安装工程		日	60	
QW3-26-4	电缆试验及验收		日	6	

三、220kV 电缆沟电缆线路工程

编号	项目名称	工程特征	单位	工期	备注
QW3-27	**220kV 线路 5km**	普土、坚土	月	**8.5**	总工期
QW3-27-1	电缆土建工程		日	180	
QW3-27-2	电缆敷设工程		日	38	

续表

编号	项目名称	工程特征	单位	工期	备注
QW3-27-3	电缆附件安装工程	普土、坚土	日	55	
QW3-27-4	电缆试验及验收		日	4	
QW3-28	**220kV 线路 5km**	松砂石	**月**	**9.0**	**总工期**
QW3-28-1	电缆土建工程		日	198	
QW3-28-2	电缆敷设工程		日	38	
QW3-28-3	电缆附件安装工程		日	55	
QW3-28-4	电缆试验及验收		日	4	
QW3-29	**220kV 线路 10km**	普土、坚土	**月**	**9.5**	**总工期**
QW3-29-1	电缆土建工程		日	210	
QW3-29-2	电缆敷设工程		日	40	
QW3-29-3	电缆附件安装工程		日	55	
QW3-29-4	电缆试验及验收		日	5	
QW3-30	**220kV 线路 10km**	松砂石	**月**	**10.0**	**总工期**
QW3-30-1	电缆土建工程		日	231	
QW3-30-2	电缆敷设工程		日	40	

续表

编号	项目名称	工程特征	单位	工期	备注
QW3-30-3	电缆附件安装工程	松砂石	日	55	
QW3-30-4	电缆试验及验收		日	5	
QW3-31	**220kV 线路 15km**	普土、坚土	**月**	**11.0**	总工期
QW3-31-1	电缆土建工程		日	234	
QW3-31-2	电缆敷设工程		日	60	
QW3-31-3	电缆附件安装工程		日	80	
QW3-31-4	电缆试验及验收		日	7	
QW3-32	**220kV 线路 15km**	松砂石	**月**	**12.0**	总工期
QW3-32-1	电缆土建工程		日	257	
QW3-32-2	电缆敷设工程		日	60	
QW3-32-3	电缆附件安装工程		日	80	
QW3-32-4	电缆试验及验收		日	7	
QW3-33	**220kV 线路 20km**	普土、坚土	**月**	**11.5**	总工期
QW3-33-1	电缆土建工程		日	249	
QW3-33-2	电缆敷设工程		日	72	

续表

编号	项目名称	工程特征	单位	工期	备注
QW3-33-3	电缆附件安装工程	普土、坚土	日	96	
QW3-33-4	电缆试验及验收		日	7	
QW3-34	**220kV 线路 20km**	松砂石	**月**	**12.5**	**总工期**
QW3-34-1	电缆土建工程		日	275	
QW3-34-2	电缆敷设工程		日	72	
QW3-34-3	电缆附件安装工程		日	96	
QW3-34-4	电缆试验及验收		日	7	

第三节　埋管电缆线路工程

一、35kV 埋管电缆线路工程

编号	项目名称	工程特征	单位	工期	备注
QW3-35	**35kV 线路 5km**	普土、坚土	**月**	**4.0**	总工期
QW3-35-1	电缆土建工程		日	80	
QW3-35-2	电缆敷设工程		日	15	
QW3-35-3	电缆附件安装工程		日	10	
QW3-35-4	电缆试验及验收		日	4	
QW3-36	**35kV 线路 5km**	松砂石	**月**	**4.0**	总工期
QW3-36-1	电缆土建工程		日	90	
QW3-36-2	电缆敷设工程		日	15	
QW3-36-3	电缆附件安装工程		日	10	
QW3-36-4	电缆试验及验收		日	4	
QW3-37	**35kV 线路 10km**	普土、坚土	**月**	**4.5**	总工期
QW3-37-1	电缆土建工程		日	80	

续表

编号	项目名称	工程特征	单位	工期	备注
QW3-37-2	电缆敷设工程	普土、坚土	日	30	
QW3-37-3	电缆附件安装工程		日	15	
QW3-37-4	电缆试验及验收		日	5	
QW3-38	**35kV 线路 10km**	松砂石	**月**	**5.0**	**总工期**
QW3-38-1	电缆土建工程		日	90	
QW3-38-2	电缆敷设工程		日	30	
QW3-38-3	电缆附件安装工程		日	15	
QW3-38-4	电缆试验及验收		日	5	
QW3-39	**35kV 线路 15km**	普土、坚土	**月**	**6.0**	**总工期**
QW3-39-1	电缆土建工程		日	150	
QW3-39-2	电缆敷设工程		日	45	
QW3-39-3	电缆附件安装工程		日	25	
QW3-39-4	电缆试验及验收		日	6	
QW3-40	**35kV 线路 15km**	松砂石	**月**	**6.5**	**总工期**
QW3-40-1	电缆土建工程		日	165	

续表

编号	项目名称	工程特征	单位	工期	备注
QW3-40-2	电缆敷设工程	松砂石	日	45	
QW3-40-3	电缆附件安装工程		日	25	
QW3-40-4	电缆试验及验收		日	6	
QW3-41	**35kV 线路 20km**	普土、坚土	**月**	**8.0**	**总工期**
QW3-41-1	电缆土建工程		日	180	
QW3-41-2	电缆敷设工程		日	50	
QW3-41-3	电缆附件安装工程		日	30	
QW3-41-4	电缆试验及验收		日	6	
QW3-42	**35kV 线路 20km**	松砂石	**月**	**8.5**	**总工期**
QW3-42-1	电缆土建工程		日	200	
QW3-42-2	电缆敷设工程		日	50	
QW3-42-3	电缆附件安装工程		日	30	
QW3-42-4	电缆试验及验收		日	6	

二、110kV 埋管电缆线路工程

编号	项目名称	工程特征	单位	工期	备注
QW3-43	**110kV 线路 5km**	普土、坚土	月	**4.5**	总工期
QW3-43-1	电缆土建工程		日	90	
QW3-43-2	电缆敷设工程		日	35	
QW3-43-3	电缆附件安装工程		日	33	
QW3-43-4	电缆试验及验收		日	4	
QW3-44	**110kV 线路 5km**	松砂石	月	**5.0**	总工期
QW3-44-1	电缆土建工程		日	100	
QW3-44-2	电缆敷设工程		日	35	
QW3-44-3	电缆附件安装工程		日	33	
QW3-44-4	电缆试验及验收		日	4	
QW3-45	**110kV 线路 10km**	普土、坚土	月	**5.0**	总工期
QW3-45-1	电缆土建工程		日	90	
QW3-45-2	电缆敷设工程		日	42	
QW3-45-3	电缆附件安装工程		日	40	
QW3-45-4	电缆试验及验收		日	5	

DE 2022

续表

编号	项目名称	工程特征	单位	工期	备注
QW3-46	**110kV 线路 10km**	松砂石	月	**5.5**	总工期
QW3-46-1	电缆土建工程		日	100	
QW3-46-2	电缆敷设工程		日	42	
QW3-46-3	电缆附件安装工程		日	40	
QW3-46-4	电缆试验及验收		日	5	
QW3-47	**110kV 线路 15km**	普土、坚土	月	**7.0**	总工期
QW3-47-1	电缆土建工程		日	150	
QW3-47-2	电缆敷设工程		日	50	
QW3-47-3	电缆附件安装工程		日	50	
QW3-47-4	电缆试验及验收		日	6	
QW3-48	**110kV 线路 15km**	松砂石	月	**7.5**	总工期
QW3-48-1	电缆土建工程		日	165	
QW3-48-2	电缆敷设工程		日	50	
QW3-48-3	电缆附件安装工程		日	50	
QW3-48-4	电缆试验及验收		日	6	

续表

编号	项目名称	工程特征	单位	工期	备注
QW3-49	**110kV 线路 20km**	普土、坚土	**月**	**8.5**	总工期
QW3-49-1	电缆土建工程		日	180	
QW3-49-2	电缆敷设工程		日	65	
QW3-49-3	电缆附件安装工程		日	60	
QW3-49-4	电缆试验及验收		日	6	
QW3-50	**110kV 线路 20km**	松砂石	**月**	**9.5**	总工期
QW3-50-1	电缆土建工程		日	200	
QW3-50-2	电缆敷设工程		日	65	
QW3-50-3	电缆附件安装工程		日	60	
QW3-50-4	电缆试验及验收		日	6	

三、220kV 埋管电缆线路工程

编号	项目名称	工程特征	单位	工期	备注
QW3-51	**220kV 线路 5km**	普土、坚土	**月**	**5.5**	总工期
QW3-51-1	电缆土建工程		日	90	

续表

编号	项目名称	工程特征	单位	工期	备注
QW3-51-2	电缆敷设工程	普土、坚土	日	38	
QW3-51-3	电缆附件安装工程		日	55	
QW3-51-4	电缆试验及验收		日	4	
QW3-52	**220kV 线路 5km**	松砂石	**月**	**6.0**	**总工期**
QW3-52-1	电缆土建工程		日	100	
QW3-52-2	电缆敷设工程		日	38	
QW3-52-3	电缆附件安装工程		日	55	
QW3-52-4	电缆试验及验收		日	4	
QW3-53	**220kV 线路 10km**	普土、坚土	**月**	**5.5**	**总工期**
QW3-53-1	电缆土建工程		日	90	
QW3-53-2	电缆敷设工程		日	40	
QW3-53-3	电缆附件安装工程		日	55	
QW3-53-4	电缆试验及验收		日	5	

续表

编号	项目名称	工程特征	单位	工期	备注
QW3-54	**220kV 线路 10km**	松砂石	**月**	**6.0**	总工期
QW3-54-1	电缆土建工程		日	100	
QW3-54-2	电缆敷设工程		日	40	
QW3-54-3	电缆附件安装工程		日	55	
QW3-54-4	电缆试验及验收		日	5	
QW3-55	**220kV 线路 15km**	普土、坚土	**月**	**8.5**	总工期
QW3-55-1	电缆土建工程		日	150	
QW3-55-2	电缆敷设工程		日	60	
QW3-55-3	电缆附件安装工程		日	80	
QW3-55-4	电缆试验及验收		日	7	
QW3-56	**220kV 线路 15km**	松砂石	**月**	**9.0**	总工期
QW3-56-1	电缆土建工程		日	165	
QW3-56-2	电缆敷设工程		日	60	
QW3-56-3	电缆附件安装工程		日	80	
QW3-56-4	电缆试验及验收		日	7	

续表

编号	项目名称	工程特征	单位	工期	备注
QW3-57	**220kV 线路 20km**	普土、坚土	**月**	**9.0**	总工期
QW3-57-1	电缆土建工程		日	180	
QW3-57-2	电缆敷设工程		日	72	
QW3-57-3	电缆附件安装工程		日	96	
QW3-57-4	电缆试验及验收		日	7	
QW3-58	**220kV 线路 20km**	松砂石	**月**	**10.0**	总工期
QW3-58-1	电缆土建工程		日	200	
QW3-58-2	电缆敷设工程		日	72	
QW3-58-3	电缆附件安装工程		日	96	
QW3-58-4	电缆试验及验收		日	7	
QW3-59	**220kV 线路 30km**	普土、坚土	**月**	**12.5**	总工期
QW3-59-1	电缆土建工程		日	240	
QW3-59-2	电缆敷设工程		日	86	
QW3-59-3	电缆附件安装工程		日	115	
QW3-59-4	电缆试验及验收		日	7	

续表

编号	项目名称	工程特征	单位	工期	备注
QW3-60	**220kV 线路 30km**	松砂石	月	**13.0**	总工期
QW3-60-1	电缆土建工程		日	260	
QW3-60-2	电缆敷设工程		日	86	
QW3-60-3	电缆附件安装工程		日	115	
QW3-60-4	电缆试验及验收		日	7	

第四节　隧道电缆线路工程

一、35kV 隧道电缆线路工程

编号	项目名称	工程特征	单位	总工期	备注
QW3-61	**35kV 线路 2km**	明挖隧道	月	**9.5**	总工期
QW3-61-1	电缆土建工程		日	267	
QW3-61-2	电缆敷设工程		日	9	
QW3-61-3	电缆附件安装工程		日	14	
QW3-61-4	电缆试验及验收		日	5	
QW3-62	**35kV 线路 2km**	浅埋暗挖	月	**11.5**	总工期
QW3-62-1	电缆土建工程		日	324	
QW3-62-2	电缆敷设工程		日	9	
QW3-62-3	电缆附件安装工程		日	14	
QW3-62-4	电缆试验及验收		日	5	
QW3-63	**35kV 线路 2km**	盾构隧道	月	**15.0**	总工期
QW3-63-1	电缆土建工程		日	419	

续表

编号	项目名称	工程特征	单位	总工期	备注
QW3-63-2	电缆敷设工程	盾构隧道	日	9	
QW3-63-3	电缆附件安装工程		日	14	
QW3-63-4	电缆试验及验收		日	5	
QW3-64	**35kV 线路 5km**	明挖隧道	**月**	**11.0**	总工期
QW3-64-1	电缆土建工程		日	297	
QW3-64-2	电缆敷设工程		日	10	
QW3-64-3	电缆附件安装工程		日	15	
QW3-64-4	电缆试验及验收		日	5	
QW3-65	**35kV 线路 5km**	浅埋暗挖	**月**	**13.0**	总工期
QW3-65-1	电缆土建工程		日	360	
QW3-65-2	电缆敷设工程		日	10	
QW3-65-3	电缆附件安装工程		日	15	
QW3-65-4	电缆试验及验收		日	5	
QW3-66	**35kV 线路 5km**	盾构隧道	**月**	**16.5**	总工期
QW3-66-1	电缆土建工程		日	465	

续表

编号	项目名称	工程特征	单位	总工期	备注
QW3-66-2	电缆敷设工程	盾构隧道	日	10	
QW3-66-3	电缆附件安装工程		日	15	
QW3-66-4	电缆试验及验收		日	5	
QW3-67	**35kV 线路 10km**	明挖隧道	**月**	**13.0**	总工期
QW3-67-1	电缆土建工程		日	356	
QW3-67-2	电缆敷设工程		日	10	
QW3-67-3	电缆附件安装工程		日	20	
QW3-67-4	电缆试验及验收		日	5	
QW3-68	**35kV 线路 10km**	浅埋暗挖	**月**	**15.5**	总工期
QW3-68-1	电缆土建工程		日	432	
QW3-68-2	电缆敷设工程		日	10	
QW3-68-3	电缆附件安装工程		日	20	
QW3-68-4	电缆试验及验收		日	5	
QW3-69	**35kV 线路 10km**	盾构隧道	**月**	**19.5**	总工期
QW3-69-1	电缆土建工程		日	558	

续表

编号	项目名称	工程特征	单位	总工期	备注
QW3-69-2	电缆敷设工程	盾构隧道	日	10	
QW3-69-3	电缆附件安装工程		日	20	
QW3-69-4	电缆试验及验收		日	5	
QW3-70	**35kV 线路 15km**	明挖隧道	**月**	**16.0**	**总工期**
QW3-70-1	电缆土建工程		日	428	
QW3-70-2	电缆敷设工程		日	10	
QW3-70-3	电缆附件安装工程		日	35	
QW3-70-4	电缆试验及验收		日	15	
QW3-71	**35kV 线路 15km**	浅埋暗挖	**月**	**19.0**	**总工期**
QW3-71-1	电缆土建工程		日	518	
QW3-71-2	电缆敷设工程		日	10	
QW3-71-3	电缆附件安装工程		日	35	
QW3-71-4	电缆试验及验收		日	15	
QW3-72	**35kV 线路 15km**	盾构隧道	**月**	**24.0**	**总工期**
QW3-72-1	电缆土建工程		日	670	

续表

编号	项目名称	工程特征	单位	总工期	备注
QW3-72-2	电缆敷设工程	盾构隧道	日	10	
QW3-72-3	电缆附件安装工程		日	35	
QW3-72-4	电缆试验及验收		日	15	

二、110kV 隧道电缆线路工程

编号	项目名称	工程特征	单位	工期	备注
QW3-73	**110kV 线路 2km**	明挖隧道	**月**	**11.5**	总工期
QW3-73-1	电缆土建工程		日	267	
QW3-73-2	电缆敷设工程		日	33	
QW3-73-3	电缆附件安装工程		日	38	
QW3-73-4	电缆试验及验收		日	11	
QW3-74	**110kV 线路 2km**	浅埋暗挖	**月**	**13.0**	总工期
QW3-74-1	电缆土建工程		日	324	
QW3-74-2	电缆敷设工程		日	33	
QW3-74-3	电缆附件安装工程		日	38	
QW3-74-4	电缆试验及验收		日	11	

续表

编号	项目名称	工程特征	单位	工期	备注
QW3-75	**110kV 线路 2km**	盾构隧道	**月**	**16.5**	总工期
QW3-75-1	电缆土建工程		日	419	
QW3-75-2	电缆敷设工程		日	33	
QW3-75-3	电缆附件安装工程		日	38	
QW3-75-4	电缆试验及验收		日	11	
QW3-76	**110kV 线路 5km**	明挖隧道	**月**	**12.5**	总工期
QW3-76-1	电缆土建工程		日	297	
QW3-76-2	电缆敷设工程		日	37	
QW3-76-3	电缆附件安装工程		日	42	
QW3-76-4	电缆试验及验收		日	11	
QW3-77	**110kV 线路 5km**	浅埋暗挖	**月**	**14.5**	总工期
QW3-77-1	电缆土建工程		日	360	
QW3-77-2	电缆敷设工程		日	37	
QW3-77-3	电缆附件安装工程		日	42	
QW3-77-4	电缆试验及验收		日	11	

续表

编号	项目名称	工程特征	单位	工期	备注
QW3-78	**110kV 线路 5km**	盾构隧道	月	**18.0**	总工期
QW3-78-1	电缆土建工程		日	465	
QW3-78-2	电缆敷设工程		日	37	
QW3-78-3	电缆附件安装工程		日	42	
QW3-78-4	电缆试验及验收		日	11	
QW3-79	**110kV 线路 10km**	明挖隧道	月	**14.5**	总工期
QW3-79-1	电缆土建工程		日	356	
QW3-79-2	电缆敷设工程		日	40	
QW3-79-3	电缆附件安装工程		日	45	
QW3-79-4	电缆试验及验收		日	11	
QW3-80	**110kV 线路 10km**	浅埋暗挖	月	**17.0**	总工期
QW3-80-1	电缆土建工程		日	432	
QW3-80-2	电缆敷设工程		日	40	
QW3-80-3	电缆附件安装工程		日	45	
QW3-80-4	电缆试验及验收		日	11	

续表

编号	项目名称	工程特征	单位	工期	备注
QW3-81	**110kV 线路 10km**	盾构隧道	**月**	**21.5**	总工期
QW3-81-1	电缆土建工程		日	558	
QW3-81-2	电缆敷设工程		日	40	
QW3-81-3	电缆附件安装工程		日	45	
QW3-81-4	电缆试验及验收		日	11	
QW3-82	**110kV 线路 15km**	明挖隧道	**月**	**17.5**	总工期
QW3-82-1	电缆土建工程		日	428	
QW3-82-2	电缆敷设工程		日	43	
QW3-82-3	电缆附件安装工程		日	49	
QW3-82-4	电缆试验及验收		日	22	
QW3-83	**110kV 线路 15km**	浅埋暗挖	**月**	**20.5**	总工期
QW3-83-1	电缆土建工程		日	518	
QW3-83-2	电缆敷设工程		日	43	
QW3-83-3	电缆附件安装工程		日	49	
QW3-83-4	电缆试验及验收		日	22	

续表

编号	项目名称	工程特征	单位	工期	备注
QW3-84	**110kV 线路 15km**	盾构隧道	月	**25.5**	总工期
QW3-84-1	电缆土建工程		日	670	
QW3-84-2	电缆敷设工程		日	43	
QW3-84-3	电缆附件安装工程		日	49	
QW3-84-4	电缆试验及验收		日	22	

三、220kV 隧道电缆线路工程

编号	项目名称	工程特征	单位	总工期	备注
QW3-85	**220kV 线路 2km**	明挖隧道	月	**11.5**	总工期
QW3-85-1	电缆土建工程		日	267	
QW3-85-2	电缆敷设工程		日	34	
QW3-85-3	电缆附件安装工程		日	41	
QW3-85-4	电缆试验及验收		日	11	
QW3-86	**220kV 线路 2km**	浅埋暗挖	月	**13.5**	总工期
QW3-86-1	电缆土建工程		日	324	
QW3-86-2	电缆敷设工程		日	34	

续表

编号	项目名称	工程特征	单位	总工期	备注
QW3-86-3	电缆附件安装工程	浅埋暗挖	日	41	
QW3-86-4	电缆试验及验收		日	11	
QW3-87	**220kV 线路 2km**	盾构隧道	**月**	**16.5**	总工期
QW3-87-1	电缆土建工程		日	419	
QW3-87-2	电缆敷设工程		日	34	
QW3-87-3	电缆附件安装工程		日	41	
QW3-87-4	电缆试验及验收		日	11	
QW3-88	**220kV 线路 5km**	明挖隧道	**月**	**12.5**	总工期
QW3-88-1	电缆土建工程		日	297	
QW3-88-2	电缆敷设工程		日	38	
QW3-88-3	电缆附件安装工程		日	45	
QW3-88-4	电缆试验及验收		日	11	
QW3-89	**220kV 线路 5km**	浅埋暗挖	**月**	**15.0**	总工期
QW3-89-1	电缆土建工程		日	360	
QW3-89-2	电缆敷设工程		日	38	

续表

编号	项目名称	工程特征	单位	总工期	备注
QW3-89-3	电缆附件安装工程	浅埋暗挖	日	45	
QW3-89-4	电缆试验及验收		日	11	
QW3-90	**220kV 线路 5km**	盾构隧道	**月**	**18.5**	总工期
QW3-90-1	电缆土建工程		日	465	
QW3-90-2	电缆敷设工程		日	38	
QW3-90-3	电缆附件安装工程		日	45	
QW3-90-4	电缆试验及验收		日	11	
QW3-91	**220kV 线路 10km**	明挖隧道	**月**	**15.0**	总工期
QW3-91-1	电缆土建工程		日	356	
QW3-91-2	电缆敷设工程		日	41	
QW3-91-3	电缆附件安装工程		日	49	
QW3-91-4	电缆试验及验收		日	11	
QW3-92	**220kV 线路 10km**	浅埋暗挖	**月**	**17.5**	总工期
QW3-92-1	电缆土建工程		日	432	
QW3-92-2	电缆敷设工程		日	41	

续表

编号	项目名称	工程特征	单位	总工期	备注
QW3-92-3	电缆附件安装工程	浅埋暗挖	日	49	
QW3-92-4	电缆试验及验收		日	11	
QW3-93	**220kV 线路 10km**	盾构隧道	**月**	**21.5**	**总工期**
QW3-93-1	电缆土建工程		日	558	
QW3-93-2	电缆敷设工程		日	41	
QW3-93-3	电缆附件安装工程		日	49	
QW3-93-4	电缆试验及验收		日	11	
QW3-94	**220kV 线路 15km**	明挖隧道	**月**	**17.5**	**总工期**
QW3-94-1	电缆土建工程		日	428	
QW3-94-2	电缆敷设工程		日	44	
QW3-94-3	电缆附件安装工程		日	52	
QW3-94-4	电缆试验及验收		日	22	
QW3-95	**220kV 线路 15km**	浅埋暗挖	**月**	**20.5**	**总工期**
QW3-95-1	电缆土建工程		日	518	
QW3-95-2	电缆敷设工程		日	44	

续表

编号	项目名称	工程特征	单位	总工期	备注
QW3-95-3	电缆附件安装工程	浅埋暗挖	日	52	
QW3-95-4	电缆试验及验收		日	22	
QW3-96	**220kV 线路 15km**	盾构隧道	**月**	**25.5**	总工期
QW3-96-1	电缆土建工程		日	670	
QW3-96-2	电缆敷设工程		日	44	
QW3-96-3	电缆附件安装工程		日	52	
QW3-96-4	电缆试验及验收		日	22	

四、500kV 隧道电缆线路工程

编号	项目名称	工程特征	单位	总工期	备注
QW3-97	**500kV 线路 2km**	明挖隧道	**月**	**17.0**	总工期
QW3-97-1	电缆土建工程		日	267	
QW3-97-2	电缆敷设工程		日	90	
QW3-97-3	电缆附件安装工程		日	158	
QW3-97-4	电缆试验及验收		日	29	

续表

编号	项目名称	工程特征	单位	总工期	备注
QW3-98	**500kV 线路 2km**	浅埋暗挖	**月**	**19.0**	总工期
QW3-98-1	电缆土建工程		日	324	
QW3-98-2	电缆敷设工程		日	90	
QW3-98-3	电缆附件安装工程		日	158	
QW3-98-4	电缆试验及验收		日	29	
QW3-99	**500kV 线路 2km**	盾构隧道	**月**	**22.5**	总工期
QW3-99-1	电缆土建工程		日	419	
QW3-99-2	电缆敷设工程		日	90	
QW3-99-3	电缆附件安装工程		日	158	
QW3-99-4	电缆试验及验收		日	29	
QW3-100	**500kV 线路 5km**	明挖隧道	**月**	**18.5**	总工期
QW3-100-1	电缆土建工程		日	257	
QW3-100-2	电缆敷设工程		日	113	
QW3-100-3	电缆附件安装工程		日	197	

续表

编号	项目名称	工程特征	单位	总工期	备注
QW3-100-4	电缆试验及验收	明挖隧道	日	29	
QW3-101	**500kV 线路 5km**	浅埋暗挖	**月**	**22.0**	**总工期**
QW3-101-1	电缆土建工程		日	360	
QW3-101-2	电缆敷设工程		日	113	
QW3-101-3	电缆附件安装工程		日	197	
QW3-101-4	电缆试验及验收		日	29	
QW3-102	**500kV 线路 5km**	盾构隧道	**月**	**25.5**	**总工期**
QW3-102-1	电缆土建工程		日	465	
QW3-102-2	电缆敷设工程		日	113	
QW3-102-3	电缆附件安装工程		日	197	
QW3-102-4	电缆试验及验收		日	29	
QW3-103	**500kV 线路 10km**	明挖隧道	**月**	**21.0**	**总工期**
QW3-103-1	电缆土建工程		日	308	
QW3-103-2	电缆敷设工程		日	119	

续表

编号	项目名称	工程特征	单位	总工期	备注
QW3-103-3	电缆附件安装工程	明挖隧道	日	207	
QW3-103-4	电缆试验及验收		日	29	
QW3-104	**500kV 线路 10km**	浅埋暗挖	**月**	**25.0**	**总工期**
QW3-104-1	电缆土建工程		日	432	
QW3-104-2	电缆敷设工程		日	119	
QW3-104-3	电缆附件安装工程		日	207	
QW3-104-4	电缆试验及验收		日	29	
QW3-105	**500kV 线路 10km**	盾构隧道	**月**	**29.0**	**总工期**
QW3-105-1	电缆土建工程		日	558	
QW3-105-2	电缆敷设工程		日	119	
QW3-105-3	电缆附件安装工程		日	207	
QW3-105-4	电缆试验及验收		日	29	
QW3-106	**500kV 线路 15km**	明挖隧道	**月**	**23.5**	**总工期**
QW3-106-1	电缆土建工程		日	370	

续表

编号	项目名称	工程特征	单位	总工期	备注
QW3-106-2	电缆敷设工程	明挖隧道	日	125	
QW3-106-3	电缆附件安装工程		日	217	
QW3-106-4	电缆试验及验收		日	29	
QW3-107	**500kV 线路 15km**	浅埋暗挖	**月**	**28.5**	**总工期**
QW3-107-1	电缆土建工程		日	518	
QW3-107-2	电缆敷设工程		日	125	
QW3-107-3	电缆附件安装工程		日	217	
QW3-107-4	电缆试验及验收		日	29	
QW3-108	**500kV 线路 15km**	盾构隧道	**月**	**33.5**	**总工期**
QW3-108-1	电缆土建工程		日	670	
QW3-108-2	电缆敷设工程		日	125	
QW3-108-3	电缆附件安装工程		日	217	
QW3-108-4	电缆试验及验收		日	29	

第五节　海底电缆线路工程

一、35kV 海底电缆线路工程

编号	项目名称	单位	工期	备注
QW3-109	**35kV 线路 5km**	日	**31**	总工期
QW3-109-1	路由扫测及试航	日	5	
QW3-109-2	海底电缆始端登陆	日	3	
QW3-109-3	海底电缆水中敷设	日	4	
QW3-109-4	海底电缆终端登陆	日	3	
QW3-109-5	电缆附件安装工程	日	7	
QW3-109-6	电缆试验及验收	日	9	
QW3-110	**35kV 线路 10km**	日	**36**	总工期
QW3-110-1	路由扫测及试航	日	6	
QW3-110-2	海底电缆始端登陆	日	3	
QW3-110-3	海底电缆水中敷设	日	8	
QW3-110-4	海底电缆终端登陆	日	3	
QW3-110-5	电缆附件安装工程	日	7	

DE 2022

续表

编号	项目名称	单位	工期	备注
QW3-110-6	电缆试验及验收	日	9	
QW3-111	**35kV 线路 15km**	**日**	**37**	总工期
QW3-111-1	路由扫测及试航	日	7	
QW3-111-2	海底电缆始端登陆	日	3	
QW3-111-3	海底电缆水中敷设	日	8	
QW3-111-4	海底电缆终端登陆	日	3	
QW3-111-5	电缆附件安装工程	日	7	
QW3-111-6	电缆试验及验收	日	9	
QW3-112	**35kV 线路 20km**	**日**	**41**	总工期
QW3-112-1	路由扫测及试航	日	7	
QW3-112-2	海底电缆始端登陆	日	3	
QW3-112-3	海底电缆水中敷设	日	12	
QW3-112-4	海底电缆终端登陆	日	3	
QW3-112-5	电缆附件安装工程	日	7	
QW3-112-6	电缆试验及验收	日	9	

二、110kV 海底电缆线路工程

编号	项目名称	单位	工期	备注
QW3-113	**110kV 线路 5km**	**日**	**70**	总工期
QW3-113-1	路由扫测及试航	日	6	
QW3-113-2	海底电缆始端登陆	日	3	
QW3-113-3	海底电缆水中敷设	日	4	
QW3-113-4	海底电缆终端登陆	日	3	
QW3-113-5	电缆附件安装工程	日	8	
QW3-113-6	电缆试验及验收	日	10	
QW3-114	**110kV 线路 10km**	**日**	**82**	总工期
QW3-114-1	路由扫测及试航	日	6	
QW3-114-2	海底电缆始端登陆	日	3	
QW3-114-3	海底电缆水中敷设	日	8	
QW3-114-4	海底电缆终端登陆	日	3	
QW3-114-5	电缆附件安装工程	日	8	
QW3-114-6	电缆试验及验收	日	10	

续表

编号	项目名称	单位	工期	备注
QW3-115	**110kV 线路 15km**	日	**95**	总工期
QW3-115-1	路由扫测及试航	日	7	
QW3-115-2	海底电缆始端登陆	日	3	
QW3-115-3	海底电缆水中敷设	日	12	
QW3-115-4	海底电缆终端登陆	日	3	
QW3-115-5	电缆附件安装工程	日	8	
QW3-115-6	电缆试验及验收	日	10	
QW3-116	**110kV 线路 20km**	日	**95**	总工期
QW3-116-1	路由扫测及试航	日	7	
QW3-116-2	海底电缆始端登陆	日	3	
QW3-116-3	海底电缆水中敷设	日	12	
QW3-116-4	海底电缆终端登陆	日	3	
QW3-116-5	电缆附件安装工程	日	8	
QW3-116-6	电缆试验及验收	日	10	

续表

编号	项目名称	单位	工期	备注
QW3-117	**110kV 线路 30km**	**日**	**120**	总工期
QW3-117-1	路由扫测及试航	日	8	
QW3-117-2	海底电缆始端登陆	日	3	
QW3-117-3	海底电缆水中敷设	日	20	
QW3-117-4	海底电缆终端登陆	日	3	
QW3-117-5	电缆附件安装工程	日	8	
QW3-117-6	电缆试验及验收	日	10	
QW3-118	**110kV 线路 40km**	**日**	**132**	总工期
QW3-118-1	路由扫测及试航	日	8	
QW3-118-2	海底电缆始端登陆	日	3	
QW3-118-3	海底电缆水中敷设	日	24	
QW3-118-4	海底电缆终端登陆	日	3	
QW3-118-5	电缆附件安装工程	日	8	
QW3-118-6	电缆试验及验收	日	10	

三、220kV 海底电缆线路工程

编号	项目名称	单位	工期	备注
QW3-119	**220kV 线路 5km**	日	**70**	总工期
QW3-119-1	路由扫测及试航	日	6	
QW3-119-2	海底电缆始端登陆	日	3	
QW3-119-3	海底电缆水中敷设	日	4	
QW3-119-4	海底电缆终端登陆	日	3	
QW3-119-5	电缆附件安装工程	日	8	
QW3-119-6	电缆试验及验收	日	10	
QW3-120	**220kV 线路 10km**	日	**82**	总工期
QW3-120-1	路由扫测及试航	日	6	
QW3-120-2	海底电缆始端登陆	日	3	
QW3-120-3	海底电缆水中敷设	日	8	
QW3-120-4	海底电缆终端登陆	日	3	
QW3-120-5	电缆附件安装工程	日	8	
QW3-120-6	电缆试验及验收	日	10	

续表

编号	项目名称	单位	工期	备注
QW3-121	**220kV 线路 15km**	**日**	**95**	总工期
QW3-121-1	路由扫测及试航	日	7	
QW3-121-2	海底电缆始端登陆	日	3	
QW3-121-3	海底电缆水中敷设	日	12	
QW3-121-4	海底电缆终端登陆	日	3	
QW3-121-5	电缆附件安装工程	日	8	
QW3-121-6	电缆试验及验收	日	10	
QW3-122	**220kV 线路 20km**	**日**	**95**	总工期
QW3-122-1	路由扫测及试航	日	7	
QW3-122-2	海底电缆始端登陆	日	3	
QW3-122-3	海底电缆水中敷设	日	12	
QW3-122-4	海底电缆终端登陆	日	3	
QW3-122-5	电缆附件安装工程	日	8	
QW3-122-6	电缆试验及验收	日	10	

续表

编号	项目名称	单位	工期	备注
QW3-123	**220kV 线路 30km**	**日**	**120**	**总工期**
QW3-123-1	路由扫测及试航	日	8	
QW3-123-2	海底电缆始端登陆	日	3	
QW3-123-3	海底电缆水中敷设	日	20	
QW3-123-4	海底电缆终端登陆	日	3	
QW3-123-5	电缆附件安装工程	日	8	
QW3-123-6	电缆试验及验收	日	10	
QW3-124	**220kV 线路 40km**	**日**	**132**	**总工期**
QW3-124-1	路由扫测及试航	日	8	
QW3-124-2	海底电缆始端登陆	日	3	
QW3-124-3	海底电缆水中敷设	日	24	
QW3-124-4	海底电缆终端登陆	日	3	
QW3-124-5	电缆附件安装工程	日	8	
QW3-124-6	电缆试验及验收	日	10	

四、500kV 海底电缆线路工程

编号	项目名称	单位	工期	备注
QW3-125	**500kV 线路 5km**	日	**87**	总工期
QW3-125-1	路由扫测及试航	日	6	
QW3-125-2	海底电缆始端登陆	日	4	
QW3-125-3	海底电缆水中敷设	日	4	
QW3-125-4	海底电缆终端登陆	日	4	
QW3-125-5	电缆附件安装工程	日	11	
QW3-125-6	电缆试验及验收	日	12	
QW3-126	**500kV 线路 10km**	日	**99**	总工期
QW3-126-1	路由扫测及试航	日	6	
QW3-126-2	海底电缆始端登陆	日	4	
QW3-126-3	海底电缆水中敷设	日	8	
QW3-126-4	海底电缆终端登陆	日	4	
QW3-126-5	电缆附件安装工程	日	11	
QW3-126-6	电缆试验及验收	日	12	

续表

编号	项目名称	单位	工期	备注
QW3-127	**500kV 线路 15km**	日	**112**	总工期
QW3-127-1	路由扫测及试航	日	7	
QW3-127-2	海底电缆始端登陆	日	4	
QW3-127-3	海底电缆水中敷设	日	12	
QW3-127-4	海底电缆终端登陆	日	4	
QW3-127-5	电缆附件安装工程	日	11	
QW3-127-6	电缆试验及验收	日	12	
QW3-128	**500kV 线路 20km**	日	**112**	总工期
QW3-128-1	路由扫测及试航	日	7	
QW3-128-2	海底电缆始端登陆	日	4	
QW3-128-3	海底电缆水中敷设	日	12	
QW3-128-4	海底电缆终端登陆	日	4	
QW3-128-5	电缆附件安装工程	日	11	
QW3-128-6	电缆试验及验收	日	12	
QW3-129	**500kV 线路 30km**	日	**137**	总工期
QW3-129-1	路由扫测及试航	日	8	

续表

编号	项目名称	单位	工期	备注
QW3-129-2	海底电缆始端登陆	日	4	
QW3-129-3	海底电缆水中敷设	日	20	
QW3-129-4	海底电缆终端登陆	日	4	
QW3-129-5	电缆附件安装工程	日	11	
QW3-129-6	电缆试验及验收	日	12	
QW3-130	**500kV 线路 40km**	**日**	**149**	总工期
QW3-130-1	路由扫测及试航	日	8	
QW3-130-2	海底电缆始端登陆	日	4	
QW3-130-3	海底电缆水中敷设	日	24	
QW3-130-4	海底电缆终端登陆	日	4	
QW3-130-5	电缆附件安装工程	日	11	
QW3-130-6	电缆试验及验收	日	12	

附录　定额使用案例

【案例一】标段总工期计算

某单回1000kV架空线路工程，标段路径长55km，该标段沿线海拔高度在2200m以下，全线在安徽省，在冬雨期连续施工。各类工程特征的线路长度占标段路径长度比为：平地土质4.7%、丘陵石质15.5%、河网50.3%、山地非坚硬岩石20.5%、山地坚硬岩石9.0%，应用电力建设工程工期定额（2022年版）计算本标段工程工期。

计算方法：该标段路径长55km，首先选取“1000kV线路50km”和“1000kV线路70km”的定额项目进行工期估算，本案例以插值计算工期，然后按照定额项目加权工期计算式，加权工期$=P_1\%\times T_1+P_2\%\times T_2+\cdots+P_n\%\times T_n$，计算加权工期，并考虑高海拔调整和其他调整因素，计算得到该标段总工期。标段总工期计算表见表1。

表1　　**标段总工期计算表**　　工期单位：月

序号	定额编号	项目名称	工程特征	50km定额工期	70km定额工期	55km定额工期（*T*）	特征占比（*P*）	计算工期（*T*×*P*）	备注
一	加权工期计算								
1	QW2-274	1000kV线路50km	平地—土质	13.5	14.5	13.8	4.70%	0.65	该标段路径长55km，故选取“1000kV线路50km”和“1000kV线路70km”的定额项目进行插值计算
2	QW2-277	1000kV线路50km	丘陵—石质	16.5	17.0	16.6	15.50%	2.58	

续表

序号	定额编号	项目名称	工程特征	50km 定额工期	70km 定额工期	55km 定额工期（T）	特征占比（P）	计算工期（$T \times P$）	备注
3	QW2-279	1000kV 线路 50km	河网	16.0	17.5	16.4	50.30%	8.24	该标段路径长 55km，故选取“1000kV 线路 50km”和“1000kV 线路 70km”的定额项目进行插值计算
4	QW2-281	1000kV 线路 50km	山地—非硬岩石	19.0	21.0	19.5	20.50%	4.00	
5	QW2-282	1000kV 线路 50km	山地—坚硬岩石	20.0	22.0	20.5	9.00%	1.85	
6	加权工期			0.65＋2.58＋8.24＋4.00＋1.85				17.30	
二	高海拔调整工期			17.30×1.0				17.30	选取工程海拔对应的 K 值，该标段海拔 2200 以下，故 K 值为 1
三	其他调整因素							0.5	
1	冬雨期调整			0.5				0.5	选取工程所在地区类别的增加值，该标段位于安徽省，属于地区类别Ⅰ，工程跨越冬雨期且连续施工，可以进行冬雨期调整，故增加 0.5 个月
四	标段总工期			高海拔调整工期＋其他调整因素＝17.30＋0.5				17.8≈18.0	

【案例二】复杂工程总工期计算

某单回±800kV 架空线路工程，路径全长 1804km，线路沿线海拔高度在 0～3500m 之间，途经省市分别属第Ⅰ、第Ⅱ地区类别，工程划分为 22 个施工标段，各标段路径长度、海拔及地形比例情况见表 2。

表 2　　复杂工程各标段情况表

施工标包	路径长度（km）	海拔范围（m）	地形比例
包 1	59	2500～3000	丘陵—石质 0.4%、山地—非硬岩石 25.4%、山地—坚硬岩石 10.9%、高山—非硬岩石 38.0%、高山—坚硬岩石 25.3%
包 2	66	2500～3000	丘陵—土质 3.8%、丘陵—石质 3.8%、山地—非硬岩石 58.9%、山地—坚硬岩石 25.2%、高山—非硬岩石 5.0%、高山—坚硬岩石 3.3%
包 3	70	2500～3000	山地—非硬岩石 24.3%、山地—坚硬岩石 10.4%、高山—非硬岩石 39.2%、高山—坚硬岩石 26.1%
包 4	75	2500～3000	丘陵—土质 50%、丘陵—石质 50%
包 5	90	2200～2500	丘陵—土质 34.2%、丘陵—石质 34.2%、泥沼 16.4%、山地—非硬岩石 10.7%、山地—坚硬岩石 4.6%
包 6	76	2200～2500	山地—非硬岩石 67.2%、山地—坚硬岩石 28.8%、高山—非硬岩石 2.4%、高山—坚硬岩石 1.6%
包 7	98	2200～2500	山地—非硬岩石 46.6%、山地—坚硬岩石 20%、高山—非硬岩石 20.1%、高山—坚硬岩石 13.4%

续表

施工标包	路径长度（km）	海拔范围（m）	地形比例
包 8	63	2200～2500	山地—非硬岩石 49.0%、山地—坚硬岩石 21.0%、高山—非硬岩石 18.0%、高山—坚硬岩石 12.0%
包 9	90	2200～2500	山地—非硬岩石 45.6%、山地—坚硬岩石 19.6%、高山—非硬岩石 20.9%、高山—坚硬岩石 13.9%
包 10	75	2200～2500	山地—非硬岩石 47.9%、山地—坚硬岩石 20.5%、高山—非硬岩石 19.0%、高山—坚硬岩石 0.1264
包 11	65	2200～2500	山地—非硬岩石 52.0%、山地—坚硬岩石 22.2%、高山—非硬岩石 15.4%、高山—坚硬岩石 10.3%
包 12	68	2200～2500	山地—非硬岩石 48.4%、山地—坚硬岩石 20.7%、高山—非硬岩石 18.5%、高山—坚硬岩石 12.3%
包 13	61	2200 以下	丘陵—土质 6.3%、丘陵—石质 6.3%、山地—非硬岩石 44.8%、山地—坚硬岩石 19.2%、高山—非硬岩石 14.0%、高山—坚硬岩石 9.4%
包 14	89	2200 以下	丘陵—土质 7.4%、丘陵—石质 7.5%、山地—非硬岩石 58.4%、山地—坚硬岩石 25.1%、高山—非硬岩石 1%、高山—坚硬岩石 0.6%
包 15	119	2200 以下	平地—土质 6.1%、平地—石质 2.6%、丘陵—土质 26.3%、丘陵—石质 26.2%、泥沼 2.6%、山地—非硬岩石 19.6%、山地—坚硬岩石 8.4%、高山—非硬岩石 4.9%、高山—坚硬岩石 3.3%

续表

施工标包	路径长度（km）	海拔范围（m）	地形比例
包 16	100	2200 以下	平地—土质 11.3%、平地—石质 4.9%、丘陵—土质 21.7%、丘陵—石质 21.7%、山地—非硬岩石 21.8%、山地—坚硬岩石 9.3%、高山—非硬岩石 5.5%、高山—坚硬岩石 3.7%
包 17	80	2200 以下	山地—非硬岩石 70%、山地—坚硬岩石 30%
包 18	77	2200 以下	丘陵—土质 2.5%、丘陵—石质 2.5%、山地—非硬岩石 66.5%、山地—坚硬岩石 28.5%
包 19	96	2200 以下	平地—土质 21.0%、平地—石质 9.0%、丘陵—土质 25.0%、丘陵—石质 25.0%、河网 5.0%、山地—非硬岩石 10.5%、山地—坚硬岩石 4.5%
包 20	109	2200 以下	平地—土质 49.6%、平地—石质 21.3%、泥沼 16.5%、河网 12.7%
包 21	88	2200 以下	平地—土质 46.3%、平地—石质 19.9%、丘陵—土质 5.8%、丘陵—石质 5.8%、泥沼 11.0%、河网 11.2%
包 22	90	2200 以下	平地—土质 48.9%、平地—石质 20.9%、泥沼 14.0%、河网 16.2%

计算方法：本工程需要进行高海拔调整和冬雨期调整，参照案例 1 的计算方法，首先计算得到各标段加权工期，然后按照定额加权工期×海拔系数＋冬雨期调整工期计算得到各标段施工工期，见表 3。

表 3 复杂工程总工期计算表

施工标包	加权工期（月）	海拔系数	冬雨期增加工期（月）	标段工期（月）
包 1	18.0	1.1	0.5	20.5
包 2	17.6	1.1	0.5	20.0
包 3	18.8	1.1	0.5	21.0
包 4	15.0	1.1	0.5	17.0
包 5	16.4	1.05	0.5	18.0
包 6	18.5	1.05	0.5	20.0
包 7	20.5	1.05	0.5	22.0
包 8	17.9	1.05	0.5	19.0
包 9	20.0	1.05	0.5	21.5
包 10	18.8	1.05	0.5	20.0
包 11	18.0	1.05	0.5	19.5
包 12	18.2	1.05	0.5	19.5
包 13	17.2	1	0.5	17.5
包 14	19.0	1	0.5	19.5
包 15	19.3	1	0.5	20.0

续表

施工标包	加权工期（月）	海拔系数	冬雨期增加工期（月）	标段工期（月）
包 16	18.0	1	0.5	18.5
包 17	18.8	1	0.5	19.5
包 18	18.4	1	0.5	19.0
包 19	16.5	1	0.5	17.0
包 20	16.1	1	0.5	16.5
包 21	14.9	1	0.5	15.5
包 22	14.9	1	0.5	15.5

通过计算，得到各施工标段工期，其中最长的标段工期为 22.0 个月。

综上，该±800kV 架空线路工程施工总工期可参考最长的标段工期，即 22.0 个月，同时考虑项目整体管控、协调所需时间，综合确定该工程总工期。